纺织服装类“十四五”部委级规划教材

服装材料

陈 亮 主编
文 斌 杨潇潇 王少辉 副主编

東華大學出版社
·上海·

图书在版编目（CIP）数据

服装材料 / 陈亮主编；文斌，杨潇潇，王少辉副主编. --上海：东华大学出版社，2025.4. -- ISBN 978-7-5669-2272-4

Ⅰ. TS941.15

中国国家版本馆 CIP 数据核字第 2025D9B429 号

策划编辑　徐建红
责任编辑　曹　静
书籍设计　东华时尚

服装材料
FUZHUANG CAILIAO

陈　亮　主编
文　斌　杨潇潇　王少辉　副主编

出　　版：东华大学出版社（地址：上海市延安西路 1882 号　邮政编码：200051）
本 社 网 址：dhupress.dhu.edu.cn
天猫旗舰店：dhdx.tmall.com
营 销 中 心：021-62193056　62373056　62379558
印　　刷：上海盛通时代印刷有限公司
开　　本：787 mm × 1092 mm　1/16
印　　张：9.5
字　　数：240 千字
版　　次：2025 年 4 月第 1 版
印　　次：2025 年 4 月第 1 次印刷
书　　号：ISBN 978-7-5669-2272-4
定　　价：68.00 元

前　言

服装材料是服装款式设计、结构工艺、成衣制作的载体，既体现服装的审美、装饰、时尚的实用艺术特征，也体现服装实用性、功能性的本质要求。因此服装从业人员必须充分认识和理解各种服装材料来源、结构、理化性能、外观风格等个性特征，从而具备服装材料的认知能力、识别能力和应用能力，为服装设计、服装生产、服装营销等工作岗位积累有效的服装材料知识与技能。

本教材以服装行业发展对服装专业人才的知识结构与能力需求为依据设计和建立教材的整体结构，以职业岗位能力为导向选择教材内容，追求用学一致。本书对服装用纤维及面料的种类、服用性能及其应用特点做了较为详细的介绍，可满足服装设计类、服装工程类专业的教学需求，能为专业其他课程的学习和学生可持续发展奠定良好的基础。

本书共分七章，第一章介绍了服装起源、纤维的使用与发展、纺织品的生产与发展以及服装材料种类等，让读者对服装材料有总体的了解。第二章介绍了服装用天然纤维、化学纤维的种类及其特性，以及服装用新型纤维的发展等，服装用纤维是构成服装的最基本单元，对服装的使用性能有直接的影响。第三章、第四章、第五章分别介绍了机织物、针织物、裘皮和皮革的常见品种及其服用性能与特点，为服装设计人员设计服装和服装爱好者选择服装提供可靠的帮助。第六章介绍了服装辅料的种类与特性，服装辅料是服装不可缺少的部件，具有辅助服装造型、保暖、扣紧等实用功能，使用得当还能增加服装的美感。第七章介绍了服装的使用说明、洗涤方法、熨烫保存等知识，对服装营销人员销售服装和消费者使用服装都有重要指导作用。

本书第一章、第三章由扬州市职业大学陈亮编写，第四章、第五章由扬州市职业大学文斌编写，第二章、第六章由扬州市职业大学杨潇潇编写，第七章由国家纺织制品质量检验检测中心王少辉编写。本书在编写过程中得到了扬州市产品质量监督检验所施江阳、扬州久程户外用品有限公司朱家峰的大力支持和帮助，在此表示衷心感谢。

由于作者水平所限，本书难免存在纰漏之处，恳请读者批评指正。

编者

目 录

第一章

服装材料抚今追昔

服装是人的第二层皮肤，大约 30 万年前，人类开启了服装之门。 服装不但是御寒保暖、防护遮羞的装备，更是人类文明进步的符号。 服装及其材料的应用发展，既体现了人类生产技术的进步，更彰显了不同历史时期的文化。

第一节　纤维的使用与发展

一、服装起源

旧石器时代，人类使用树叶、树皮、动物毛皮包裹身体，研习搓绳。距今大约10万年前山西大同许家窑的一处文化遗址中，出土了1 000多个石球，考古专家研究认为，古人把石球系在植物纤维或皮条编结的绊兽索、飞索或网兜上，投掷打击野兽，也就是说此时的人类可能已经具有搓绳的能力。

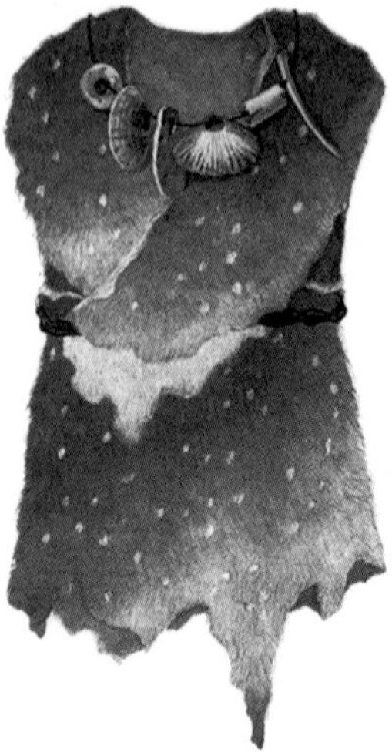

图1-1　想象复原的缝制兽皮服装图

旧石器时代中期，人类开始穿着缝制的兽皮（图1-1）。距今大约4万5千年的辽宁小孤山遗址出土了三支骨针，此时人类对兽皮的穿着不再是简单的包裹，而可能是用骨针牵引植物纤维捻合的纱线缝制后穿在身上了。

旧石器时代晚期，人类基本掌握了劈绩技术、搓合技术、编织技术，开始向纤维服装迈进。劈绩是指劈分和绩接，是对葛麻等植物纤维进行制纱时的一个工序。劈分是把经过椎击松解的纤维束，劈成尽可能细的条；绩接是将已经劈分的一段段较细的纤维束并合续接起来。搓合就是用手搓捻纤维束使纤维束结合在一起形成纱线。编织就是把纱线互相交错或钩连起来，形成编织物。

新石器时期，人类进入了农耕社会阶段。农耕经济对中国文化的发展有重大影响，创造出了世界上最早的最先进的文明，同样也迎来了服装的革命性发展。人类开始利用纺坠加工纤维纺制纱线，发明了原始织机织造真正的纺织品。例如在河姆渡等新石器时代的遗址中，除发现了大量骨针外，还发现了大量陶纺轮、部分玉石纺轮及捻杆、原始织机部件；而在杭州余杭反山良渚文化23号墓中发现了一整套原始腰机部件玉饰品，研究玉饰品上销孔可以推断织机的结构，主要包括卷轴、开口杆和经轴（图1-2）。由于这些纺织器具的发明和使用，到新石器时代后期，纺织品数量和质量都取得了较大的成就，从此人类开始了真正的服装生活。

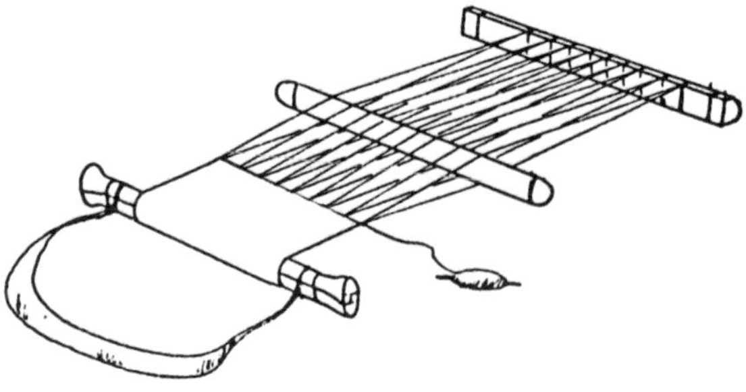

图1-2　良渚织机（复原图）

二、纤维的使用与发展

使用纤维制作服装面料是从新石器时代开始的，最初使用的是葛、纻、大麻、毛、毳（鸟兽的羽毛）等，后来又有了蚕丝与棉，直至现代社会丰富多样的各种化学纤维。在一次次的服装材料升级中，服装也从保暖御寒、防护、遮羞等的原始功能，逐渐被赋予了一些文化属性，如身份等级、民族区域、文化信仰等，并在追求时尚流行中走向自然舒适，体现自身修养、价值趋向等。

1. 葛

葛是最早用于制作服装的植物纤维。葛也称为葛藤、葛麻，是豆科草质藤本植物，原产地中国。葛藤蔓长且纤维质量好，藤茎很早就被当作捆绑物件的绳索，茎皮纤维被古人用来生产葛布。1972 年，在江苏苏州草鞋山新石器遗址出土了距今 6 000 多年的葛布残片（现藏南京博物院）。《诗经・周南・葛覃》有："葛之覃兮，施于中谷，维叶莫莫。是刈是濩，为絺为绤，服之无斁。"意思是葛麻经过劈绩蒸煮，可以织成细葛布粗葛布，做成衣服令人喜爱。古时絺是指精细的葛布，绤是粗糙的葛布，而絺中更加精细的葛布称为绉。葛纤维的吸湿散热性较好，特别适宜作夏服材料。在葛布的基础上，发展出种类繁多的葛织品，如葛衣、葛巾、葛冕、葛帔、葛纱、葛带、葛屦、葛席、葛绳等。葛在古人生活中有着重要的地位，周代设有"掌葛"的官职，职责为"掌以时征絺绤之材于山农"，即定期向山农征收制作葛布的材料。春秋战国时期，葛布更是风靡一时的夏天衣服的布料，《韩非子・五蠹》说尧的穿戴是"冬日麑裘，夏日葛布"。

春秋战国时期是葛布的黄金时期，高质量的葛织物各地都有生产，产量亦很惊人。据记载，越王勾践败于吴国后，一次献给吴王的葛布就达 10 万匹。

秦统一中国后，特别是隋唐以后，麻的纺织技术和生产能力有了显著提高，葛藤因其单纤维较短，处理加工需要蒸煮（麻只需水沤），葛的社会身价开始跌落，逐渐被边缘化。但在中原以外地区仍得到发展，一些地方把它作为特产进行生产。东汉时期的岭南葛布全国闻名，雷州葛布"百钱一尺，细滑而坚，颜色若象血牙"。唐末葛布仍当作地方纳贡和朝廷赏赐之物。现在葛布技艺已经成为中国南方和西南各民族的文化传承。

2. 麻

(1) 苎麻

古人最早使用的苎麻来自于山野，所以也叫作山麻、野苎，此外苎麻还有银苎、苎根、天青地白草等称呼。苎麻是多年生宿根性草本植物，苎麻纤维细而长，韧性很强，其织物称为纻，其细者称为絟。纻布细而洁白、凉爽、挺括，适宜制作夏装，也被称为夏布、白纻。棉花引进之前，苎麻就一直是中国人民的主要衣用原料，湖南省澧县彭头山遗址大溪文化层壕沟中出土 6 000 多年前的粗麻编织物，浙江省余姚河姆渡新石器时代文化遗址出土了 6 000 年前的苎麻绳索，浙江省吴兴县钱山漾新石器文化遗址中，发现了三块 4 700 多年前的经纬分明细致的苎麻织物。

中国苎麻种植已有 4 000 多年的历史，是世界上种植历史最悠久的国家，在国外苎麻被称作"中国草"。公元前六世纪《诗经》之《陈风・东门之池》中有"东门之池，可以沤纻"的诗句，是古籍中关于苎麻最早的文字记载。公元前五世纪《春秋・左传・襄公二十九年》中有"子产献纻衣"之语，公元前一世纪《淮南子》中有"冬日被裘罽，夏日服絺纻"之句。"纻"是先秦以前对苎麻称呼，西汉开始称"苎"，此后很长时期内"苎""纻"并用。周代苎麻是征收赋税的重要项目，特别是精细的苎麻织物作为一种奢侈品，只有权贵才能享用。到秦汉时期，苎麻纤维织物更为普遍，苎麻织品才逐渐成为广大劳动人民的衣着原料，但精美的苎麻织物只有达官显贵、有身份、有地位之人使用，普通的民众只能用苎麻粗布作衣料。湖南省长沙市马王堆汉墓出土的素纱婵衣

(图 1-3)，其领、袖部分均为精细苎麻织物，其精细程度可与今日府绸相媲美。南北朝时期，岭南地区已经能生产出精丽轻薄、长数丈可以卷入小竹筒的精细苎布，名为“入筒细布”。隋唐时期，大面积栽种苎麻，苎麻生产得到进一步发展。宋元时期，因棉花的引进推广，部分地区苎麻生产开始缩减，苎麻主要集中在南方地区栽培。明清时期，苎麻仍然有许多区域在生产。

图 1-3　马王堆汉墓的素纱婵衣

(2) 大麻

古代文献中的“麻”，尤其是早期文献中的“麻”，多指大麻。大麻是一年生草本植物，雌雄异株，雌株叫苴麻或子麻，雄株叫枲麻或牡麻。古代用枲麻织较细的布，用苴麻织较粗的布。

大麻起源于中国及东南亚国家，我国是世界种植大麻最早的国家，种麻历史可追溯到公元前 5 000 多年，使用大麻织布大约在公元前 4 500—公元前 3 500 年，河南青台仰韶文化遗址出土了世界上最早的大麻纤维纺织品——炭化的麻纱、麻绳及麻布残片，说明当时人们已经了解和认识大麻的纤维价值。

在商周时期大麻种植得到普及，人们已掌握了大麻的沤制和纺织技术，我国河北省覃城台西村商代遗址出土的大麻残片就是很好的例证，《诗经》之《陈风・东门之池》中也有“东门之池，可以沤麻”的诗句。《周礼》记述，当时设置了名叫“典枲”的官员，专司纻麻等的生产及征收麻、纻、茧等的纺织品，《周礼・天官冢宰下》记有“典枲掌布、缌、缕、纻之麻草之物”。大麻一直是重要的纺织原料，19 世纪大麻仍然是世界最主要的纺织纤维之一，用来制作绳索、篷布、麻袋，也用来制作衣料，其织物柔软、光洁，外观似亚麻制品。

大麻除纺织外，其种子可以直接食用，也可以榨油，大麻曾是重要的粮食作物，是《周礼》“麻黍稷麦豆”五谷之一。大麻还作为药物被古人使用，4 000 年前的《黄帝内经》中已有关于大麻的描述，古代名医华佗曾用大麻作为麻醉药物，《本草纲目》中亦有大麻入药的记载。吸食大麻既有兴奋作用，又有抑制作用，也具有致幻作用，所以大麻也是一种毒品，近代受到政府的严格控制。现代生产纤维的大麻经过改良，叫作汉麻，已不具备提取毒性成分价值。

(3) 亚麻

亚麻，原产欧洲地中海地区，在石器时代，瑞士栖湖和热带埃及就栽培亚麻，取其纤维织成衣料。在我国油用亚麻(称为胡麻)作为食用和药用有悠久的历史，北宋苏颂《图经本草》中载：“亚麻籽出兖州，味甘，微温，无毒……治大风疾”，但纤维用亚麻的栽培史不足百年，1906 年从日本引进到黑龙江和吉林种植，1936 年开始建立亚麻原料加工厂，亚麻纺织生产设备数量很少而且技术落后。1952 年哈尔滨亚麻纺织厂诞生，从此中国亚麻纺织事业进入了现代化大生产阶段。20 世纪 80 年代中期，亚麻纺织产业得到较大发展，到 20 世纪 90 年代末中国亚麻纺织技术无论是产量和生产技术都处于世界前列。

3. 蚕丝

丝绸起源于中国，中国丝绸举世闻名，在世界上享有“东方丝国”之称。最早发现的中国远古丝绸的见证，是大约 6 000 年前新石器时期的山西省夏县西阴村遗址发现的大半个茧壳（图 1-4）（现藏台北故宫博物院），还有就是浙江省湖州钱山漾良渚文化遗址（碳 14 测定距今 4 750 年）发现的绢片、丝线和丝带。

图 1-4　西阴村新石器时期遗址发现的大半个茧壳

中国的丝绸生产至少在商代就初具规模并且技术高超，许多出土的商代青铜器就黏附有一些提花丝织物残片，有菱形、方格形、回纹形花纹。丝绸精美，价格同样昂贵，是当时社会生活的重要物资和交换物，周代《诗经 · 卫风 · 氓》记有“氓之蚩蚩，抱布贸丝，匪来贸丝，来即我谋”（憨厚农家小伙子，怀抱布匹来换丝。其实不是真换丝，找个机会谈婚事）。西周至战国，丝织业发展迅速，黄河流域和淮河流域以及长江流域的广大地区，都有着兴旺发达的蚕丝生产。秦汉时期，丝绸业更加兴旺发达，技艺高超，《汉书 · 贡禹传》记有“故时齐三服官，输物不过十笥，方今齐三服官，作工各数千人，一岁费数巨万，厩马食粟将万匹”。湖南省长沙市马王堆汉墓出土的素纱婵衣大身为超细蚕丝织物，纱孔方正均匀，薄而透明。此时丝绸品种也相当丰富，有锦、绮、绫、纨、缣、绨、绢、缦、乡、缟等。唐宋时期，丝绸业遍及全国，十分兴盛，家庭纺织生产非常普遍，丝绸的工艺、品种、纹样等都有发展和创新。丝绸业重心也逐渐向南方转移，最终奠定了江浙地区不可动摇的丝绸地位。元明清时期，丝绸生产日益商品化，由于棉花的使用，总量虽然有所减少，但生产技艺、产品质量和风格都有了新的发展，出现了许多具有地方色彩的特色产品，如南京的云锦、杭州的杭罗、云南的滇缎、广东的莨纱等。

4. 毛

新石器时代就已经开始使用毛纤维，主要在新疆、陕西、甘肃等西北地区，有羊毛、驼毛、牦牛毛、马鬃、兔毛、羽毛等毛纤维。甘肃永昌鸳鸯池墓地（公元前 2 300— 公元前 2 000 年）出土过一种黄色毛纤维，河北省藁城台西村商代遗址出土过一根羊毛纤维。

羊毛织物和羊毛绳索一直为少数民族人民的大宗衣料和日用品。新疆是毛织品出土最多的地方，其年代主要为商周春秋时期，有平纹、斜纹、毡、环编帽等，《诗经 · 豳风 · 七月》记有“无衣无褐，何以卒岁”，其中的褐指的就是粗毛织物。秦汉以后，毛织品、毛毯两大类主要产品在质量、品种和产量上都有很大发展。我国古代饲养的绵羊品种有蒙古种、西藏种、哈萨克种等，其中蒙古种饲养最多，分布最广，但羊毛粗硬，只能制作毛毯或粗厚毛织物，而西藏种、哈萨克种羊毛品质较好，可以制作精细的毛纺织物。

人类在 4 000 年前开始驯化野生骆驼，我国古代驼毛主要分布于蒙古、新疆、青海、甘肃等地。汉以前，驼毛绒纱质量不高，多与羊毛混织，新疆吐鲁番阿拉沟地区战国墓葬群中出土过含驼毛和羊毛的混织物。汉以后，驼毛采集分离技术进步，纯驼毛织品才逐渐多起来，唐代纯驼毛绒制成的褐、毡还作为贡品进献朝廷。内蒙古的驼毛，其产量、细度、长度、色泽在世界上久负盛名，阿拉善盟所产的驼毛质量最好，俗称“王府驼毛”。

古人称牦牛为犛牛，牦牛毛织物为犛罽。《山海经》称牦牛为旄牛，现代所用的牦字，出自《吕氏春秋》。明代李时珍的《本草纲目》第一次把家、野牦牛分开，称野牦牛为"犛"，家牦牛为"牦"。青海都兰县诺木洪周代遗址出土过牦牛毛织品，《魏书·宕昌传》说西羌人的帐蓬就是用犛牛毛织成的。

兔毛应用主要在隋唐时期，安徽、江苏一带利用兔毛制作纺织物，叫兔褐，安徽宣城地区的兔褐品质好，与锦、绮同等珍贵。南北朝时期就有羽毛应用的文字记载，《南齐书·文惠太子传》"织孔雀毛为裘，光彩金翠，过于雉头远矣"，说明孔雀毛、野鸡毛均有应用于织布。

5. 棉

棉花，是锦葵科棉属植物的种子纤维。中国使用棉纤维的历史远远晚于葛麻，福建崇安县武夷山白崖洞墓出土过一块棉布残片，碳 14 测定和树轮校正为夏末商初时期物品，同时期实物未有其他发现，也没有文献记载，我国最初使用棉花的时间还没有定论。

我国古时棉花的名称有很多，如吉贝、古贝、古终、白叠、木棉、木绵、梧桐华、攀枝花、斑枝花等，名称混乱，模糊不清，主要原因是棉花是外来品。棉花原产地是印度和阿拉伯，南方多称吉贝，北方多称白叠，都是梵语的音译。棉花传入中国的路径有南北两条，南路从东南沿海和海南引进，引进的是树棉（木棉）棉种，种植采收后织布，译名从棉。北路从新疆引入，最先引进的是棉布，然后引进草棉种植，译名从布。

棉花的种植和纺织，历经汉唐两宋，一直局限在边远地区，发展缓慢。宋末元初，新疆棉花经玉门关移植到陕西，然后传入河南；海南棉花经闽粤，分两支传入长江流域（一支江西，一支松江），然后进入江浙两地及淮南地区。黄道婆也从海南返回松江，带回先进的制棉织棉技术并改良生产工具，促进了当地的棉纺织业的迅速发展。元代后期，黄浦江流域有一半的土地用于种植棉花，家家户户采花织布。至明代，松江及附近地区成为全国棉纺织业中心，并有"松郡棉布，衣被天下"的美誉。从此，棉花及棉纺织业一直受到政府的重视，并作为经济支柱和民生产业重点发展。

6. 化学纤维发展历程

1664 年，英国人胡克（Hook）在《微晶图案》一书中，首次提出化学纤维的构思，即模仿蚕吐丝实现人工制造纺织纤维。

1884 年，法国人夏尔多内（Chardonnet）将硝酸纤维素先溶解在乙醇或乙醚中制成粘稠液，再通过细管吹到空气中凝固而成细丝，就有了最早的人造纤维硝酸酯纤维（易燃）。

1899 年铜氨纤维实现工业生产，1905 年黏胶纤维问世，1916 年有了醋酯纤维，1933 年生产出了再生蛋白质纤维。

1935 年美国研究成功第一种合成纤维聚酰胺 66（尼龙 66），1941 年德国发明了聚己内酰胺纤维（尼龙 6）。1950 年有了聚丙烯腈纤维（腈纶）和聚乙烯醇缩甲醛纤维（维纶），1953 年有了聚对苯二甲酸乙二酯纤维（涤纶），1957 年有了聚丙烯纤维（丙纶）。之后，化学纤维进入了第二代改性纤维（抗静电、防污、阻燃、抗起球等）和第三代产品高性能纤维（高强、高模、高弹等）的发展阶段。

我国化学纤维工业在新中国成立后才发展起来，1956—1965 年先后引进黏胶纤维、维纶、腈纶的生产设备或生产线。1966—1980 年在大力发展聚乙烯醇（维纶）、聚丙烯腈（腈纶）基础上，聚酯纤维也得到迅速发展。1981 年开始先后建成技术先进的涤纶、锦纶和腈纶生产基地，1995 年我国的化纤产量达到 288.5 万吨，仅次于美国，位居世界第二位。1998 年，中国化纤产量达到 510 万吨，首次超过美国，位居世界第一。从此中国化纤产量一直稳居世界第一。中国化纤工业为推动国民经济发展、人民物质生活水平不断提高以及国防建设、航空航天、体育文化等各项事业的科技进步作出了重大贡献。

第二节　纺织品的生产加工

一、古代纺织品的生产加工

1. 纺纱

用于服装的纺织纤维有很多，它们有的是短纤维，有的是长丝。长丝长度长，可以直接织布。而短纤维长度小，只有几十毫米，必须经过加工形成纱线才能织布。

纺纱就是将纤维加工纺成纱线，古代最早是用纺坠(也有称纺轮、纺专的)(图 1-5)来纺纱，包括捻杆和纺轮。纺纱时，先把纤维捻一段缠在捻杆上，然后垂直向下，一只手通过已加捻的纤维线将纺轮提起，另一只手转动纺轮。借助纺坠自身重力，手中不断释放纤维并被纺坠牵伸，同时被转动的纺轮加捻。纺轮转动停止，将牵伸加捻形成的纱线缠绕在捻杆上，然后再转动纺轮继续纺纱。最后当捻杆上缠绕到一定数量的纱线后，结束纺纱，将纱线绕出。纺轮并不一定是圆饼状，馒头型、圆台型、算珠型、滑轮型、凸字型等形制也一样可以纺纱。之后又发明了手摇纺车(图 1-6)、脚踏纺车、大纺车、水力大纺车等来纺纱。

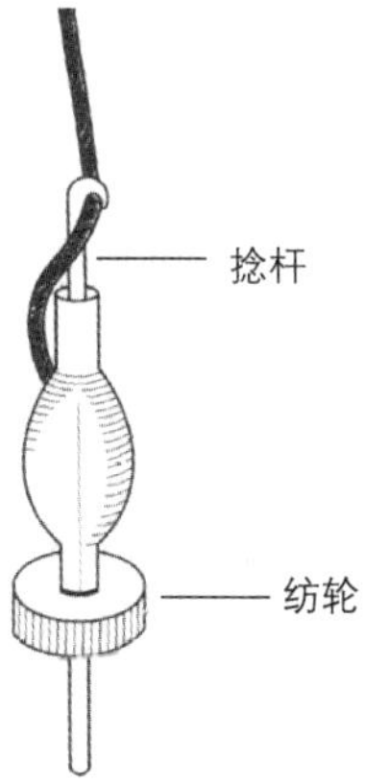

图 1-5　纺坠

图 1-6　手摇纺车

2. 织布

最初的织布方式是“手经指桂”，即将一根根纱线依次绑结在两根木棍上，再把经两根木棍固定的纱线绷紧，用手或指像编席或网那样进行有条不紊的编结。

我国 6 000 年前开始使用原始腰机，机构虽然简单，但其织造原理一直沿用至今。原始腰机织造时，织工席地而坐，经纱的两端分别绑在两根横木上，其中一根横木系在腰间，另一根由脚踏住，靠腰背控制经纱张力，利用分经棍形成一个自然梭口，引纬打纬，如此反复，形成布匹。在云南晋宁石寨山遗址出土了一个青铜贮贝器，盖上铸有一组用原始织机织布的塑像(图 1-7)，形象地展示了用原始织机织布的全过程。

图 1-7　云南晋宁石寨山遗址出土的贮贝器局部及织布示意图

战国时期出现了斜织机(图 1-8),到汉代时期已被广泛使用,是当时世界上最先进的织机。斜织机有机架,经纱张力由卷布轴与经纱轴控制,脚踏提综开口,梭子引纬,竹筘打纬。

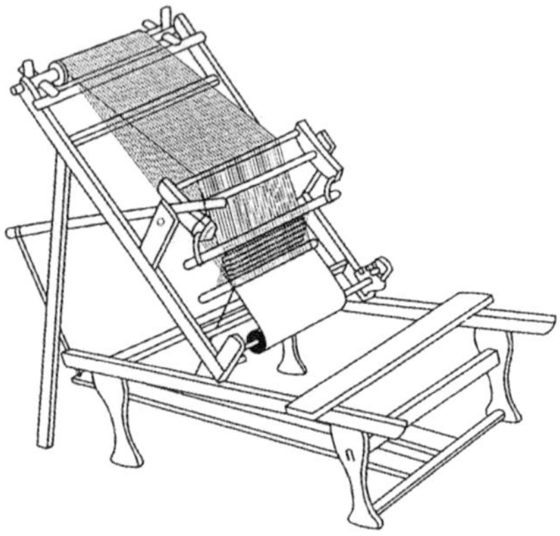

图 1-8　复原的斜织机示意图

隋唐对织机又进行了进一步改进完善,到宋元时完全定型。东汉时期发明了花楼提花机(图 1-9),用线综控制提花经线,可以织出复杂的花纹。现代织机遵循了古代织机的基本原理,先后发明出了投梭织机、剑杆织机、喷气织机等生产效率及自动化程度较高的多种类型织机。

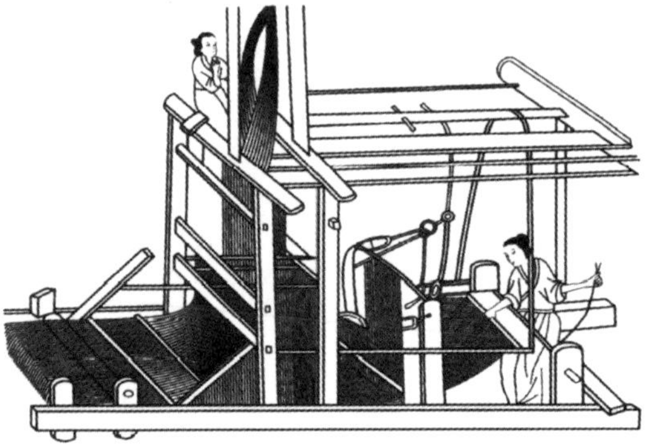

图 1-9　花楼织机示意图

3. 染整

(1) 染色

古人很早就知道使用颜色来美化生活，把带有颜色的矿物涂抹在器皿上或者身上，也会把大自然中比较鲜艳的植物挂在身上。距今约 1 万 8 千年前的北京周口店龙骨山的山顶洞里，就发现有氧化铁涂成红色的装饰品。

我国有文献记载的纺织品染色是从西周开始的，《周礼 · 天官 · 染人》中记载："染人，掌染丝帛"。在秦汉时期，官方设有"染色司"，从汉到隋代各代都设有"司染署"，唐宋则设有"染院"，而到明清时期则演化为"蓝靛所"。《诗经》中也有许多描绘衣服颜色的诗句，如《国风 · 郑风 · 出其东门》有"缟衣綦巾"(白衣绿巾)、"缟衣茹藘"(白衣红巾)，《国风 · 邶风 · 绿衣》有"绿兮衣兮，绿衣黄里""绿兮衣兮，绿衣黄裳"等词句。

中国古代用于纺织物染色的染料主要有两种，即矿物颜料和植物染料。

用矿物颜料给织物着色称为石染，石染是用黏合剂将研磨成粉的粉末状矿物颜料涂于织物上，黏附在表面或缝隙间，属于物理性附着，牢度差，水洗很容易掉色。矿物颜料使用比较早的是赤铁矿，又叫赭石，暗红色，主要成分是三氧化二铁，至春秋战国时期，成为了囚衣专用颜料，所以"赭衣"就代指囚犯。而朱砂的色彩要比赭石鲜艳很多，朱砂主要成分是红色硫化汞，用辰砂矿石加工得到，从西周至西汉都是重要的服装用颜料。此外，服装用矿物颜料还有胡粉(白色，主要成分为碱式碳酸铅)、石黄(橙黄色，主要成分为铬酸铅)、白云母(白色，主要成分为硅酸镁铝钾)、金银粉及其箔、墨和石墨等。

用植物染料给织物着色叫草染，草染是将染料色素与织物纤维分子结合着色，属于化学性作用，牢度较好，不怕水洗。早在周代以前，我国就已经开始采用植物染料染色，古代蓝草应用最早，使用最多，《尔雅 · 释草》中有"葴，马蓝"，《礼记 · 月令》中有"仲夏之日，令民毋艾蓝以染"。古代蓝色植物染料有蓼蓝、马蓝、菘蓝、木蓝等，红色植物染料有茜草、红花、苏木、冬青等，黄色植物染料有栀子、柘、地黄、黄栌、黄檗、郁金等，紫色植物染料有紫草、紫苏等，黑色植物染料有五倍子、鼠尾草、栎等。

我国古代染色技术也很发达，有复染、套染、媒染等工艺技术。复染就是在同一种染液中反复染色，以便得到较深的颜色。套染是在不同的染液中重复染色，可以得到几种颜色的混色。媒染是借助某种媒染剂使染料色素沉淀附着在纺织品上，媒染剂不同，得到的色泽也不同。

(2) 印花

1972 年湖南长沙马王堆一号汉墓出土了印花织物，包括印花敷彩纱和金银色印花纱两类。印花敷彩纱是在型版印花的基础上添加敷彩，金银色印花纱由三套印花板套色印成，说明我国西汉时期的织物印花技术已经达到相当高的水平。

古代主要的印花方法有画缋、凸版印花、夹缬、绞缬、蜡缬、碱剂印花等。

画缋，画即是服装上用笔描绘图案，缋则是用绣(或类似方法)修饰图案和衣服边缘，有时还用颜料涂绘图案的中间。

凸版印花，是在平整的木板上，先雕刻出凹凸图案花纹，再涂刷色彩，最后放在织物上压印，即可在织物上得到版型的纹样。后来也把凹凸图案花纹雕刻在圆木上，可以连续滚印花纹，成为木滚印花。

夹缬，是用两块雕镂相同的图案花版将对折褶的布帛夹在中间，然后在镂空处涂刷染料或色浆，除去镂空版，即可显示出对称的花纹图案。

绞缬，又称撮缬，就是现在的扎染。将布帛缝扎、染色、晾干后，拆去缝扎线结，就可得到自然和深浅色晕不同的花纹图案。常用的有三种方法，一是缝绞法，先在待染的织物上预先设计图案，用线沿图案边缘处将织物钉缝、抽紧后，撮取图案所在部位的织物，再用线结扎成各种式样的小绞，也可以将谷物等硬物作为衬垫物，结扎在织物里。二是绑扎法，先将织物巧妙折叠，再用小板块将其绑扎。三是打结法，可以适当折叠，然后在不同的位置上以织物自身打结抽紧或用绳进行绑扎。

蜡缬，现在称蜡染。它是将熔化的蜡液用蜡刀或毛笔在织物上绘出纹样，蜡液凝结后放入染液中浸染，涂蜡部分不会吸附染料，染后沸水去蜡，便呈现出白花色地花纹（有蜡裂效果）。

碱剂印花，也称灰缬。专门用于丝绸，与蜡缬有相似的原理，它用草木灰或石灰等强碱物质调成色浆，印在生丝绸坯上，印有色浆的地方，因碱性作用生丝会脱胶，呈现光泽。也可继续染色，由于吸色不同，形成深浅不同的色光效果。

（3）整理

整理可以改善外观和手感，稳定尺寸提高服用性能。“长安一片月，万户捣衣声”，古代的葛麻织品由于纤维比较硬，为了穿着舒适，就需要进行捣衣。捣衣就是一种柔软整理，就是把织好的布帛，铺在平滑的砧板上，用木棒敲击到柔软。唐代名画《捣练图》中，就有当时捣衣的场景（图 1-10）。

图 1-10　唐代名画《捣练图》局部

中国古代对织物进行整理的常用方法有熨烫、涂层、研光等。

熨烫，是使用熨斗压熨织物，以达到外观平整稳定尺寸的目的。在中国古代，熨斗也称“火斗”“金斗”“樵斗”，熨斗始于商周时期，盛行于汉、唐，其中金斗专指皇亲贵族使用的精致熨斗。古熨斗多为铜制（也有铁制），其形如平底小锅，手柄有金属柄或木柄（图 1-11）。使用时，斗内盛放炽热火炭，利用热量传导，进行熨烫。

图 1-11　西汉熨斗

涂层，是在织物表面涂上高分子物，并赋予特定的功能。我国古代的涂层材料有桐油、荏油、麻油、生漆等，涂层织物主要用来制作冕或防雨用具。冕就是乌纱帽，也叫“漆缅冠”或“陡”，是用纱或罗织物表层涂以漆液制成的，作为朝廷官吏的帽子，一直沿用到明代。防雨用具用织物涂油比漆更多一些，还可加入颜料，制成色彩丰富的涂层织物。

研光，是用大石块反复碾压织物获得平整光洁的外观。研光整理在西周时期就出现了，秦汉广泛用于丝绸和麻织物，元代以后的棉织物也用研光整理。清代又有了踹布(图 1-12)，能使织物质紧有光。

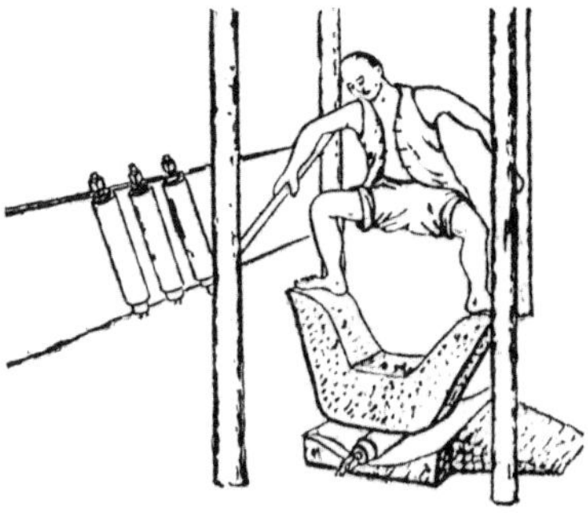

图 1-12 踹布

二、现代纺织品的生产加工

现代纺织品的生产加工与古代相比较，同样要经过纺纱、织造、染整工序，而生产设备和工艺技术则发生了革命性的变化。下面简要介绍棉机织物的生产过程。

1. 纺纱

纺纱就是将棉纤维(或棉型化纤)加工纺成纱线，工艺流程要比古代长很多，有普梳和精梳两种工艺系统。

普梳工艺流程：开清棉→梳棉→并条(头道)→并条(二道)→粗纱→细纱。

精梳工艺流程：开清棉→梳棉→精梳前准备→精梳→并条(头道)→并条(二道)→粗纱→细纱。

普梳系统一般用于纺制中细特纱线，供普通织物使用。精梳用于纺制细特高档纱线，纱线结构比普梳的更加洁净，短绒更少，条干更加均匀，强力更高，光泽更好。

现代纺纱设备产量大，自动化程度高，工人主要是做一些辅助性的工作。

2. 织造

织造包括经纬纱准备工作和织机织造两部分。

经纱准备：原纱→络筒→整经→浆纱→穿、结经；纬纱准备：原纱→络筒。

织机织造由开口、引纬、打纬、卷取、送经五种运动协调配合，完成经纱和纬纱在织机上的相互交织，形成机织物(图 1-13)。

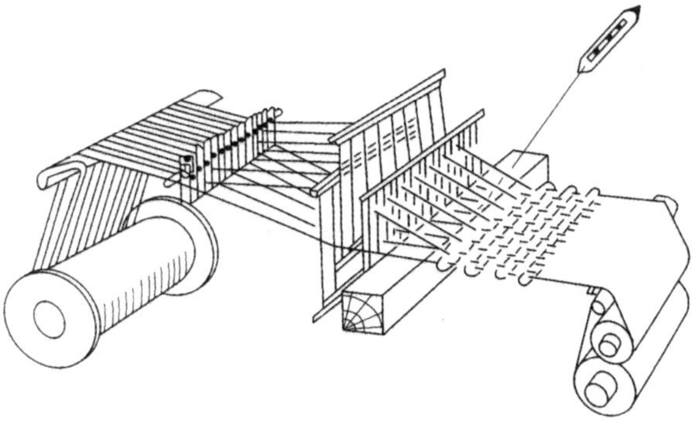

图 1-13 机织物形成示意图

现代织机分为有梭织机和无梭织机。有梭织机是采用传统的梭子(木梭或塑料梭)引纬的织机,梭子大而重,被往来反复投射,噪音高、车速慢、效率低。无梭织机将纬纱卷装从梭子中分离出来或是仅携带少量的纬纱以小而轻的引纬器代替大而重的梭子,可以高速引纬,噪音小、车速快、效率高(通常比有梭织机效率高 4~8 倍)。无梭织机有剑杆织机、片梭织机、喷气织机、喷水织机、多相织机、磁力引纬织机等种类。

3. 染整

现代染整包括练漂、染色、印花、整理四部分。练漂主要是去除纺织物上的各种杂质,改善织物的性能,为后续加工做好准备。染色是用染料制成染液浸渍,使纺织物具有某种色彩。印花是用染料制成色浆,按设计的图案要求施加在纺织物上,使纺织物获得特定的花型图案。整理是采用化学或物理机械作用,改进纺织物外观或形态稳定性,提高纺织物服用性能或赋予织物某种特定功能(如阻燃、拒水、拒油、抗静电等)。

练漂有烧毛、退浆、煮练、漂白、开布、轧水、烘燥、丝光等工序。

染色有直接染料染色、活性染料染色、还原染料染色、酸性染料染色、阳离子染料染色、分散染料染色等,需要根据纺织物纤维品种选择使用。

印花按工艺分有直接印花、拔染印花、防染印花、防印印花,按设备分有滚筒印花、筛网印花(平网印花、圆网印花)、转移印花、数码印花等。

整理按性能功能可分为柔软整理、硬挺整理、拉幅整理、机械预缩整理、轧光和轧纹整理、增白整理、防水拒水整理、阻燃整理、抗静电整理、卫生整理(抗菌、防霉、防臭)等。

第三节　服装材料的种类

一、服装的形成过程

服装使用的纺织面料有机织物和针织物,最常用的面料就是机织物。此外还有非织造布和复合织物、编织物也有少量应用。从服装材料的角度看,机织面料的服装形成过程(图 1-14)就是从纤维到服装的过程,短纤维经过纺纱形成纱线,纱线(或长丝)通过织造形成坯布,坯布只是半成品,还需要进行染色(印花)及后整理,才能得到合适的面料(或里料),再经过服装设计与生产加工就形成了服装。

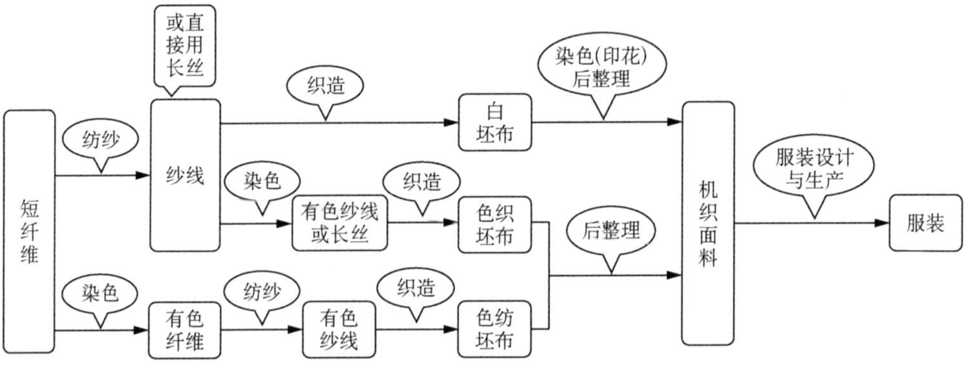

图 1-14　机织面料服装形成过程

纺织纤维还能通过非织造生产技术直接生产出非织造布（也称无纺布），非织造布可以作为服装辅料或一次性服装的面料使用。

二、服装材料的种类

服装材料目前尚没有权威的定义，一般是指构成服装的所有用料。服装材料范围较广，按其在服装中作用不同，可以分为服装面料和服装辅料两大类（图 1-15）。服装面料包括纺织面料和非纺织面料，纺织面料主要有机织物、针织物等，非纺织面料主要有毛皮、皮革等。服装辅料主要有服装里料、衬料、垫料、填充料、扣紧材料（纽扣、拉链、绳带等）、连接材料（缝纫线、胶带等）、装饰物（亮片、花边等）、标识材料（标签等）等。另外，因服装设计风格的需要，金属、塑料、玻璃、木材、石材、纸类、贝壳等其他材质的制品，也会作为面料或辅料用在服装上。

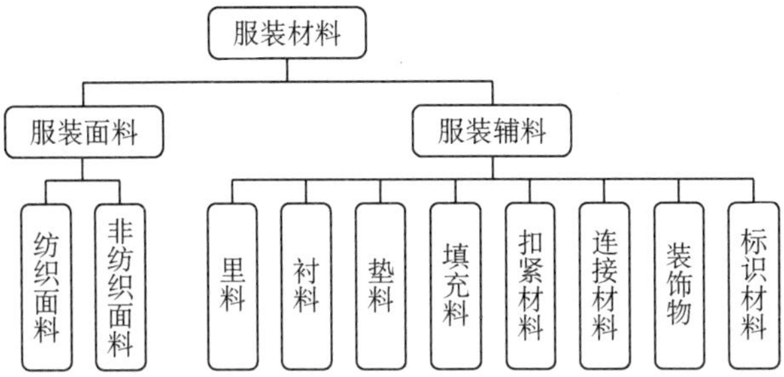

图 1-15 服装材料的分类

服装材料是服装构成的三大要素（材料、色彩、款式）的基本要素，服装风格依靠材料实现。色彩依附于材料，造型需要材料性能保证，服装材料是款式设计、结构工艺、成衣制作的载体，既体现服装的审美、装饰、时尚的实用艺术特征，也体现服装实用性、功能性的本质要求。因此掌握好服装材料的有关知识，对从事服装专业的人员来说非常重要。

第二章

走进纤维大世界

我们知道，服装由面料剪裁缝制而成，服装面料又以纺织面料为主，纺织面料由纱线织造而成，纱线由纺织纤维纺制而成。 由此可知，纺织纤维是构成服装面料的最基本单元，所以纺织纤维的特点与性能对服装的设计、制作、使用、保存等有着直接的影响。

第一节 认识纤维

一、纤维的种类

纤维通常被定义为直径很细(几微米到几十微米),长度比细度大许多倍(上百倍到上千倍)的细而长的物体。作为纺织纤维,还必须具有一定的长度、细度、强度和柔韧性,具有可纺性和一定的服用性能。

服装用纺织纤维有很多,一般按纤维来源进行分类,包括天然纤维和化学纤维两大类(图 2-1)。

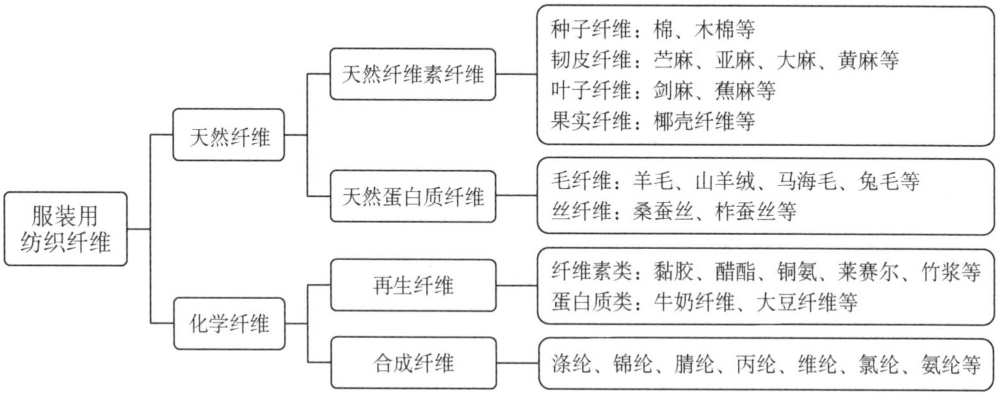

图 2-1 纤维的分类

天然纤维是指从自然界原有的(或人工培植、人工饲养)植物和动物上直接取得的纤维,包括天然维纤维素纤维和天然蛋白质纤维。天然纤维素纤维可分为种子纤维、韧皮纤维、叶子纤维和果实纤维等,天然蛋白质纤维可分为毛纤维和丝纤维两类。

化学纤维是用天然高分子化合物或人工合成的高分子化合物为原料,经过制备纺丝原液、纺丝和后处埋等工序制得的纤维,包括再生纤维和合成纤维两类。再生纤维是用纤维素、蛋白质等天然高分子物质为原料制得的纺织纤维;合成纤维是以石油、煤炭及农产品等中提取的小分子为原料,合成高分子化合物,再纺丝制成的纺织纤维。

二、纤维的描述

1. 纤维的名称

纤维的名称有学名、商品名、英文名、英文代号以及俗称、各种简称等,常见纺织纤维的名称与代号等见表 2-1。

表 2-1 常用纺织纤维名称与代号

纤维名称	英文	代号	其他名称
棉纤维	Cotton	C	棉

续表

纤维名称	英文	代号	其他名称
羊毛纤维	Wool	W	毛
山羊绒	Cashmere Hair	WS	羊绒
马海毛	Mohair Hair	M	
兔毛	Rabbit Hair	RH	
羊驼毛	Alpaca Hair	AL	
牦牛毛	Yak Hair	YH	
桑蚕丝	Mulberry silk	Ms	真丝
柞蚕丝	Tussah silk	Ts	
苎麻纤维	Ramie	Ram	苎麻
亚麻纤维	Flax 或 Linen	F 或 L	亚麻
黏胶纤维 （人造棉、人造毛、人造丝）	Rayon	R	黏胶
富强纤维（虎木棉）	Polynosic	Polynosic	富纤
醋酯纤维	Acetate Fiber	CA	醋酯
三醋酯纤维	Triacetate Fiber	CTA	三醋酯
铜氨纤维	Cuprammonium Rayon	CUP	铜氨
莱赛尔纤维	Lyocell （Tencel）	LC （Tel）	莱赛尔（天丝、坦西尔）
莫代尔纤维	Modal	Md	莫代尔
竹纤维	Bamboo Fiber	BM	
大豆蛋白纤维	Soybean Fiber	SB	大豆纤维
牛奶蛋白纤维（牛奶丝）	Milk Protein Silk	Milk silk	牛奶纤维
聚乳酸纤维（玉米纤维）	Corn Fiber	PLA	
聚酯纤维（PET）	Polyester	T	涤纶（达柯纶）
聚酰胺纤维（PA）	Polyamide 或 Nylon	N	锦纶（尼龙、耐纶）
聚丙烯腈纤维（PAN）	Acrylic	A	腈纶（奥纶）
聚乙烯醇纤维（PVA）	Vinylon	V	维纶（维尼纶）
聚丙烯纤维（PP）	Polypropylence	O	丙纶
聚氯乙烯纤维（PVC）	Polyvinyl Chloride Fiber	L	氯纶（天美纶）
聚氨酯纤维（PU）	Polyurethane 或 Spandex	SP（美国） EL（西欧） OP（日本）	氨纶、弹力纤维、莱卡 Lycra（美国商品名）

2. 回潮率

纺织材料（包括原料、纺织半成品、纺织成品）在空气中会吸收水份，吸收水份的多少与纤维自身性能、空气温度、湿度相关。纺织上用回潮率表示纺织材料的吸湿程度，它是按规定方法测定的纺织材料中任何形态水的质量对被测材料干燥质量的百分率，通俗地讲，就是材料中所含水分质量（纤维湿态质量－纤维干燥质量）占材料干燥质量的百分数。

纺织材料回潮率的约定值称为公定回潮率，如果是贸易双方约定的回潮率也可以称为商业回潮率。纺织材料按公定回潮率折算出的质量就是公定质量（也称标准质量），贸易结算中都是用公定质量结算。公定质量的计算方法：$\text{公定质量}=\dfrac{\text{实际质量}\times(1+\text{公定回潮率})}{1+\text{实际回潮率}}$，实际质量是指实际回潮率下的质量。

国家为规范公定回潮率发布了《GB/T 9994—2018 纺织材料公定回潮率》标准，明确了许多纤维的公定回潮率。部分纺织材料公定回潮率见表 2-2。

表 2-2　部分纺织材料公定回潮率

纤维种类	纺织材料	公定回潮率/%
棉	棉纤维、棉纱线、棉缝纫线、棉织物	8.5
绵羊毛	洗净毛（异质毛）、粗纺毛纱、绒线、针织绒线、毛机织物、毛针织物	15.0
	洗净羊毛（同质毛）、精纺毛纱、长毛绒织物	16.0
马海毛	各种马海毛材料	14.0
山羊绒	山羊绒条、山羊绒纱、山羊绒织物	15.0
	分梳山羊绒	17.0
其他毛	兔毛、骆驼毛/绒、牦牛毛/绒、羊驼毛/绒	15.0
麻	苎麻、亚麻、大麻、罗布麻、剑麻	12.0
	黄麻	14.0
丝	桑蚕丝、柞蚕丝	11.0
再生纤维	黏胶纤维、富强纤维、莫代尔纤维、莱赛尔纤维、铜氨纤维	13.0
	醋酯纤维	7.0
	三醋酯纤维	3.5
合成纤维	锦纶（聚酰胺纤维）	4.5
	涤纶（聚对二甲苯乙二酯纤维）、改性涤纶（聚对二甲酸丙二酯纤维、聚对苯二甲酸丁二酯纤维）	0.4
	腈纶（聚丙烯腈纤维）	2.0
	维纶（聚乙烯醇纤维）	5.0
	丙纶（聚丙烯纤维）、氯纶（聚氯乙烯纤维）	0.0
	氨纶（聚氨酯纤维）	1.3
其他纤维	碳纤维	0.0

除公定回潮率外，还有标准回潮率，它是纺织材料在预调湿后，在标准大气中（《GB/T 6529—2008 纺织品调湿和试验用标准大气》规定：温度 20℃，相对湿度 65%±3%）达到吸湿平衡时（吸湿与放湿达到平衡，质量变化趋近于零）的回潮率。对于新型纤维或未知公定回潮率的其他纤维及其产品，可以采用纤维的标准回潮率代替公定回潮率。

多组分产品的公定回潮率（R）按各组分原料的公定回潮率和混纺比例，加权平均求得，修约至小数点后一位(式 1)。

$$R = \frac{A_1R_1 + A_2R_2 + \cdots + A_nR_n}{100} \tag{1}$$

式中:

A_1、$A_2 \cdots A_n$——多组分产品各纤维组分的干燥质量混纺百分比例;

R_1、$R_2 \cdots R_n$——以百分率表示的各纤维组分的公定回潮率。

3. 纤维长度

纤维长度是指纤维伸直后具有的长度。纺织纤维按照纤维长度可分为长丝和短纤维。

长丝是长度达到几十米或上百上千米的纤维,例如蚕丝的平均长度为 800～1 000 m,所以蚕丝就是一种长丝。化学纤维制丝可以得到连续的丝束,不经过切断工序也可以得到长丝。长丝可以分为单丝和复丝,单丝只有一根纤维,复丝包括多根纤维,一般用于织造的长丝都是复丝。

短纤维是指长度在几毫米至几十毫米的纤维,也可以是由长丝切断后制成。如棉纤维长度一般为 10～40 mm,羊毛纤维长度一般为 50～75 mm。化学短纤维长度可以人为控制,长度 51 mm 以下的认为是棉型纤维(线密度为 1.3～1.7 dtex),长度在 64～114 mm 的认为是毛型纤维(线密度为 3.3～7.7 dtex),长度在 51～76 mm 的认为是中长纤维(线密度为 2.2～3.3 dtex)。

4. 纤维的光泽与色彩

天然纤维都具有自然的光泽和色泽,现代基因遗传工程可生产彩色棉花、彩色羊毛等有色天然纤维。棉纤维可以用碱丝光的方法得到丝光棉,光泽如蚕丝。

化学纤维在生产过程中还可以加入消光剂或色剂(或色母粒)改变其光泽和色彩。未经消光处理的化学纤维,具有强烈的光泽,称为有光纤维。纺丝时加入消光剂(通常用二氧化钛)进行消光处理,纤维表面的反射光较弱,称为消光纤维。纺丝时加入适量消光剂进行半消光处理,纤维光泽居于有光和消光之间,称为半消光纤维。还可以在纺丝溶液熔体或凝胶液中加入色剂或有色母粒,就能够得到有色化学纤维。

第二节 来自大自然的纤维

一、纯朴的棉

棉纤维是生长在棉植物种子上的纤维,我国明代棉花种植遍布大江南北,棉纺织业蓬勃发展,棉布开始取代丝绸和麻布,成为中国第一大纺织材料。目前世界上产棉国主要有中国、印度、美国、巴西、巴基斯坦、乌兹别克斯坦、土耳其等,近几年中国棉花年产量约为 600 万吨左右,新疆是我国最大、世界重要的棉花产区,新疆棉花产量约占全国产量的 90%,约占世界棉花产量的 20%,新疆近一半农民从事棉花生产。

1. 棉纤维的种类

棉纤维通常按长度和细度不同可分为:细绒棉、长绒棉、粗绒棉和草棉,粗绒棉和草棉纤维粗短、产量低已经淘汰,现在常用的品种是细绒棉和长绒棉。棉纤维按颜色不同可分为白棉、黄棉、灰棉和彩棉，按初工方式可分为锯齿棉和皮辊棉。

（1）细绒棉

细绒棉原产美洲大陆，所以也叫陆地棉。细绒棉产量高、纤维较长，品质较好，在世界各地许多地方种植。细绒棉纤维长度为 23～33 mm，纤维直径为 18～20 μm，线密度约为 1.4～2.2 dtex。

（2）长绒棉

长绒棉原产南美洲西印度群岛，所以也叫海岛棉。长绒棉纤维长、强度高，品质优良。中国主要在新疆种植。长绒棉纤维长度为 33～64 mm，细度为 13～17 μm，线密度为 1.2～1.5 dtex。

2. 棉纤维的形态特征

纤维的形态特征包括纵向形态和横向形态（或称截面形态）。棉纤维纵向形态（图 2-2）为扁平带状，有类似螺旋形的天然转曲，为 30～150 转/cm。横向形态（图 2-3）为不规则腰圆形，有中腔。成熟度高的棉纤维转曲数高，中腔小。

3. 棉纤维的服用性能

棉纤维光泽自然纯朴，手感柔软，吸湿透气，主要缺点是抗皱性差。棉纤维密度较大，为 1.47～1.55 g/cm^3，有重实感。棉纤维强度（2.0～4.3 cN/dtex）也较高，湿态强度比干态强度大，棉纤维服装洗涤时不会被损伤，但会有"缩水"现象，这是因为水分子会进入棉纤维内部，使纤维发生膨化，当织物的纬向（或经向）膨化变粗时，织物就会产生收缩。棉纤维抗皱性能较差，洗涤及穿着过程中容易产生褶皱，但棉纤维耐热性好（达 190℃），可以高温熨烫消除褶皱。棉纤维吸湿能力较好，棉纤维服装透气性好，穿着舒适。抗静电性能也好，一般不会产生静电。棉织物存放时，要洗净晒干并保持干燥，否则会产生霉变。

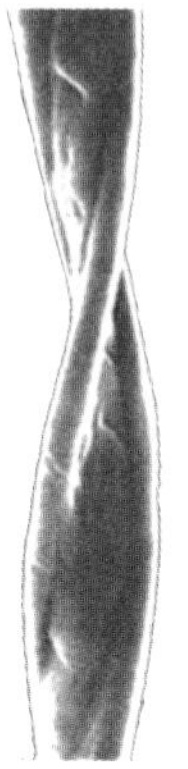

图 2-2　棉纤维纵向形态

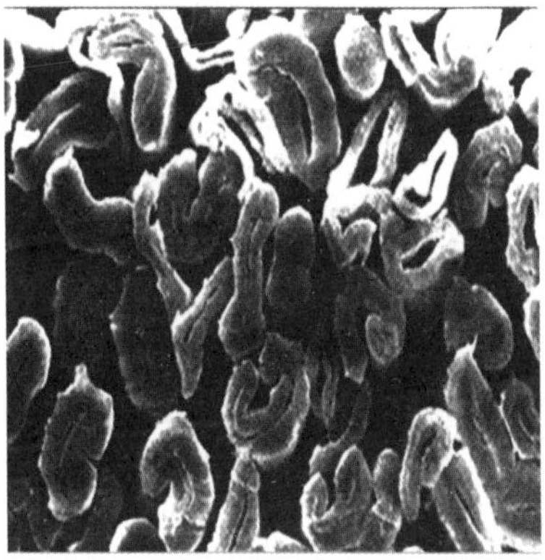

图 2-3　棉纤维横向形态

棉纤维是天然纤维素纤维，主要成分是纤维素，易燃且燃烧时有烧纸的气味。酸能使纤维素分解，因此纤维素不耐酸。但纤维素耐碱性较好，可以采用碱工艺加工棉织物，也可以使用碱性洗涤剂洗涤棉织物。例如在张力条件下，用浓烧碱处理棉织物，可以改善染色性能，可以获得丝一般的光泽，称为丝光。如不加张力，棉织物会收缩使尺寸变小，变得厚实有弹性，称为碱缩，可以用于针织物的后整理。此外，棉纤维耐氧化剂性能也较差，氧化剂会使其强度下降和发脆。

二、温暖的羊毛

毛纤维的种类是比较丰富的，有绵羊毛、山羊绒、马海毛，兔毛、羊驼毛、牦牛毛等。通常羊毛就是指绵羊毛，羊绒就是指山羊绒，马海毛是指安哥拉山羊毛。世界上羊毛的主产地在大洋洲，原毛产量占世界总量的40%左右。澳大利亚主要生产细毛，新西兰主要生产半细毛，澳大利亚美利奴羊毛是世界上品质最好的细羊毛。中国绵羊毛年产量35万～40万吨，是世界第二大产毛国，内蒙古和新疆绵羊毛产量分别约占全国产量的35%和20%。

1. 羊毛的种类

羊毛的种类是由羊的品种决定的。羊毛按粗细分为细羊毛、半细羊毛和粗羊毛。羊毛也有同质毛和异质毛之分，同质毛是指绵羊毛被毛中仅含有同一粗细类型的毛。异质毛是指绵羊毛被毛中含有不同类型的毛（发毛和绒毛）。细羊毛、半细羊毛属于同质毛，粗羊毛属于异质毛。羊毛的品质还与季节有关，春天剪取的羊毛，毛长，质细，底绒多，油汗多，品质较好；夏天剪取的羊毛，毛短，光泽好，无底绒；秋天剪取的羊毛，毛短，光泽好，无底绒。

细羊毛支数为64～70支，平均直径21.5～25.0 μm，毛长5.5～7 cm。毛质细软均匀有弹性，细羊毛是制造精纺毛织品的优良原料。超细羊毛是比细羊毛还细的羊毛，细度接近羊绒的细度，支数70支以上，平均直径18 μm以下，毛长5～9 cm，可替代或部分替代羊绒。

半细毛支数在46～58支，平均直径25～37 μm，毛长5～15 cm。半细羊毛细度比细羊毛粗，但纤维长度要长些，可以用于制造普通毛织品、毛线、大衣呢、工业用呢和毛毯等。

粗羊毛又称地毯羊毛，品质较差，只能织造地毯、粗毯、衬料等。

2. 羊毛的形态特征

羊毛的纵向形态有卷曲，最细的羊毛卷曲数有12～13个/cm，表面有鳞片，羊毛越细，鳞片越多（图2-4）。羊毛的横向形态，细羊毛近似圆形（图2-5），粗羊毛呈椭圆形，死毛（无皮质层，易断，无光泽，不易染色，无纺纱价值，也称为枪毛）为扁圆形。

图2-4　羊毛的纵向形态

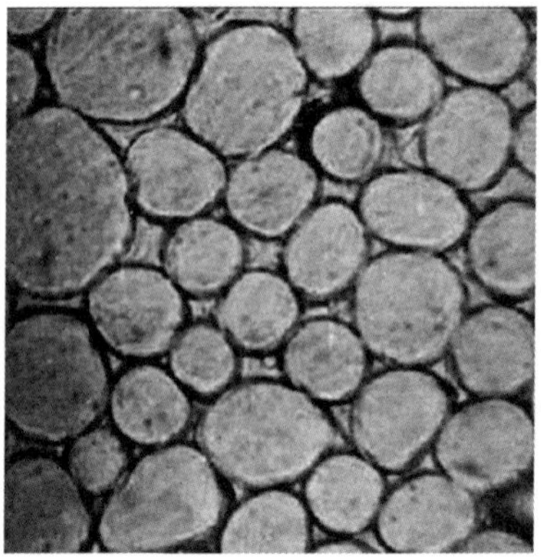

图2-5　羊毛的横向形态

3. 羊毛的服用性能

羊毛光泽柔和，自然大方，保暖性能非常好，并且具有一定的抗皱性能。主要缺点是不耐晒、不耐碱、易虫蛀。羊毛有天然卷曲，蓬松性能好，保暖性好。羊毛的密度没棉纤维大，为1.28～1.33 g/cm^3，强度（0.88～1.5 cN/dtex）也较小，但弹性和延伸性好，羊毛织物有身骨，不易起皱，耐磨性也好，比较耐穿。羊毛吸湿能力很大，吸湿而不显潮，羊毛吸湿后抗皱性能会下降，羊毛的积分热较大，羊毛服装淋雨吸湿后会放出热量，不会感到湿冷。抗静电性能也好，一般不会产生静电。

由于羊毛表面鳞片的作用，羊毛服装洗涤时不能用热水搓洗，否则会发生缩绒现象。缩绒会使毛织物长度缩短，影响穿着。缩绒可以用于毛针织物的后处理，能增加平方米质量及厚度，提高强力、弹性和保暖性。

羊毛的耐热性能在天然纤维中最差，100℃以上干热蒸干后，手感会变得粗硬，强度也会下降，长时间受热或更高温度会发生分解作用。因此，羊毛服装熨烫时要控制好温度，喷水湿烫或垫湿布熨烫，不能干烫。羊毛的耐光性也较差，日光可使其颜色发黄，降低强度和弹性，所以羊毛服装清洗后不能放在太阳下曝晒。羊毛服装储存保管时，除了要洗净晾干外，还要防止虫蛀(可以放一些樟脑丸)。

羊毛是天然蛋白质纤维，主要成分是蛋白质。羊毛不易燃烧，燃烧时有烧毛发的气味。碱能使蛋白质水解，可溶于5%的氢氧化钠溶液中，所以羊毛不耐碱，羊毛的耐酸性很好，可以使用酸性染料染色，洗涤时不能使用碱性洗涤剂，可以用酸性或中性洗涤剂洗涤。羊毛对氧化剂也非常敏感，过氧化氢、高锰酸钾会对羊毛制品产生破坏作用。

三、高贵的羊绒

羊绒是生长在山羊粗毛根部的一层薄薄的细绒，细而弯曲，入冬寒冷时长出，开春转暖后脱落，牧民用铁爪梳取绒毛，每头山羊能获得羊绒大约200 g。羊绒十分珍贵，产量稀少(仅占世界动物纤维总产量的0.2%)，被人们称为软黄金、纤维宝石、纤维皇后等。中国羊绒年产量大约在15 000至20 000吨，占全球羊绒产量的80%以上，内蒙古是我国最大的羊绒产区，占全国羊绒产量的40%以上。

羊绒细度细，平均细度在14～16 μm，长度一般为35～45 cm。羊绒与羊毛本质上是一样的，都是蛋白质纤维，形态也相似。羊绒横截面形态也是近似圆形，纵向有鳞片，羊毛的鳞片是尖的，而羊绒的鳞片是圆形的，羊绒的鳞片密度为70～80个/mm，也比羊毛(细羊毛鳞片密度为60～70个/mm)高。山羊绒横向形态也是近似圆形，圆整度比羊毛好。

羊绒轻盈柔软，品质优良，有白绒、青绒、紫绒等色彩，羊绒保暖性非常好，是羊毛的1.5～2倍。羊绒对酸、碱、热的反应比细羊毛敏感，对含氯的氧化剂更为敏感。

四、华丽的蚕丝

关于蚕丝的起源有许多传说，“嫘祖养蚕”就是其中之一。嫘祖，是古西陵氏之女，是华夏祖先轩辕黄帝的正妻。嫘祖首创种桑养蚕之法与抽丝编绢之术，被后人供为蚕神，又称为蚕神娘娘。

世界蚕丝生产国主要有中国、孟加拉国、印度、日本、韩国等，我国蚕丝产量占全球80%以上，主要分布于江苏、浙江、四川、广东和山东等地，全国生丝年产量约为5万吨。

1. 蚕丝的种类

蚕丝是蚕的腺体分泌形成的纤维长丝，主体部分是丝素，外包丝胶。按蚕的品种分类，蚕丝的种类主要有桑蚕丝、柞蚕丝、蓖麻蚕丝、木薯蚕丝、樟蚕丝、天蚕丝、柳蚕丝等。作为纺织材料使用的主要是桑蚕丝，部分产品也有使用柞蚕丝的。

蚕茧缫丝后所得的产品叫生丝。正规机械缫的丝叫厂丝，纤度均匀、品质好。手工缫的丝叫土丝，小作坊用简单机械缫的丝叫农工丝，纤度均匀度和品质都不如厂丝好。桑蚕丝的生丝光泽柔和，一般为白色或淡黄色，手感较硬，还需要进行脱胶。生丝脱胶后叫熟丝，熟丝柔软平滑，手感凉爽，颜色洁白，光泽闪亮。柞蚕丝的生丝有棕色、黄色、橙色、绿色等，脱胶后一般为淡黄色，温暖干爽，光泽不如桑蚕丝好。

绢丝是蚕丝的下脚料（废丝、废茧、茧衣等）加工成的短纤维，可以纺成纱线去织布。

紬丝是绢丝的下脚料，也可以纺成纱线后去织布。

通常一条蚕营造一个茧，但也两条蚕共同营造一个茧的叫双宫茧，双宫茧抽出的丝叫双宫丝。

2. 蚕丝的形态特征

蚕丝属于长丝，桑蚕丝的长度大约在 1 000 m 左右，最长可达 1 200～1 500 m 长，桑蚕丝细度在天然纤维中最细，桑蚕丝细度约为 2.8～3.9 dtex，直径为 13～18 μm；给人以质轻细软的感觉。桑蚕丝纵向形态有许多异状的颣节，显微镜下外观显得有些毛糙（图 2-6），横向形态为近似圆角三角形（图 2-7），光学上有类似三棱镜的效果，使得蚕丝具有鲜亮的光泽。

柞蚕是野蚕，生长在柞树（又叫栎树）上，柞蚕茧缫的丝叫柞蚕丝，柞蚕丝长度为 500～600 m，柞蚕丝细度也比桑蚕丝粗，约为 6 dtex，直径为 21～30 μm。柞蚕丝横截面形态为扁平的圆角三角形，接近长条状，并带有大小不等的细孔。

3. 蚕丝的服用性能

蚕丝光泽强烈，柔软细滑，蚕丝服装富贵华丽，冬暖夏凉。主要缺点是不耐晒、不耐碱、不耐盐。桑蚕丝的密度与羊毛接近，比棉、麻纤维小，生丝的密度为 1.30～1.37 g/cm^3，熟丝为 1.25～1.30 g/cm^3，蚕丝拉伸强度为 2.6～3.5 cN/dtex，一般春茧丝强力和耐磨性较差，而秋茧丝强力和耐磨性较好。蚕丝具有很好的吸湿性，在天然纤维中比羊毛低，比棉纤维高，蚕丝的放湿性能比棉好很多，穿着时更加舒适。蚕丝的保暖性较好，导热系数低于棉，与羊毛相当，再加上良好的吸放湿性能，就具有了冬暖夏凉的特点。蚕丝的耐热性比羊毛好，但比棉、麻差，蚕丝服装一般在晾干到 80%时熨烫，熨烫时不能喷水，否则会有水斑。蚕丝的耐光性差，易变黄且强度下降，因此不能放在阳光下曝晒，要放在阴处自然悬挂晾干。蚕丝含有氨酸、酪氨酸等能吸收紫外线，具有一定的抗紫外线功能。蚕丝服装保管时要保持干燥，防止虫蛀，但不宜放樟脑丸（蚕丝遇樟脑丸容易脆化）。

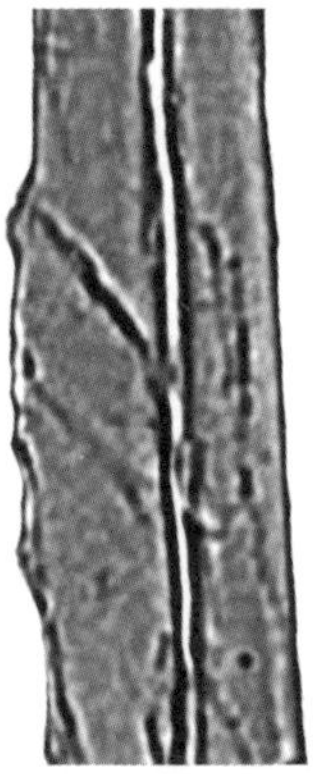

图 2-6　蚕丝纵向形态

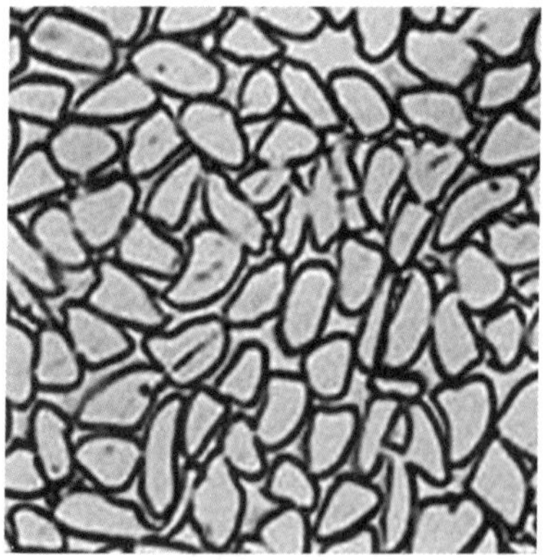

图 2-7　蚕丝横向形态

蚕丝是蛋白质纤维，很多性能与羊毛相似。蚕丝燃烧时也会有烧毛发的气味，蚕丝耐酸（耐酸性不如羊毛，可溶于 70%以上的硫酸和盐酸）不耐碱（耐碱性稍强于羊毛），洗涤时使用中性或酸性洗涤剂，可用白醋复洗，洗净后面料更加艳亮。蚕丝耐盐性能差，蚕丝衣服夏季汗水浸湿后，要马上冲洗，不能浸泡。蚕丝的抗皱比棉好，但湿态时差，洗涤时不能拧，否则很容易产生褶皱。

五、古老的麻

麻的使用历史久远，商周时期最主要的纺织原料就是麻。汉唐时期，麻纺织生产能力越来越强，生产量也越来越大，大麻布和苎麻布一直作为大宗衣料，从宋到明才逐渐被棉布所替代。

1. 麻纤维的种类

麻纤维是纤维素纤维，现代用于服装的麻纤维主要为苎麻和亚麻，罗布麻、汉麻、黄麻、红麻、苘麻、剑麻、蕉麻、洋麻等在服装中也有应用。

苎麻，起源于中国，我国苎麻纤维素含量高，强度大，光泽好，苎麻织成的夏布是非常著名的，也可以和其它的材料混纺制作成高级衣料。中国的苎麻产量约占全世界苎麻产量的90%以上，巴西、老挝和菲律宾等国也有种植。

亚麻，亚麻纤维细长质量好，能织造亚麻衣料或与苎麻、棉和化纤混纺，是优良的纺织纤维。银白淡黄、灰色的亚麻是好麻，暗褐、赤色的亚麻品质较差，我国有浅灰、烟灰、深灰、杂色四种颜色的亚麻。全球亚麻纤维及丝束产量法国最多，产量约为85万吨。中国亚麻纤维及丝束产量只有约1.6万吨，主要依赖进口，进口数量约为20万吨。

罗布麻，又名野麻、泽漆麻等，原产于中国新疆罗布泊及其附近地区。罗布麻也是一种名贵的中草药，入药历史可追溯到千年以前，《本草纲目》《救荒本草》等药典都有记载。罗布麻纤维细而长，在已发现的野生植物纤维中，品质最优，被誉为“野生纤维之王”。早在三百年前，就被伊犁、若羌等地的劳动人民织布成衣或者做被子、床单。

汉麻，经过改良后不具备提炼毒品特性的大麻，现统称为汉麻。汉麻是韧度最高的纤维，纤维的细度与棉纤维相当，仅为苎麻的三分之一，穿着体感柔软，服用性能优越，被誉为“麻中之王”。

2. 麻纤维的形态

苎麻，是由一个细胞组成的单纤维，在植物纤维中长度最长，平均长度为60～250 mm，最长可达600 mm。优良品种的苎麻线密度在5 dtex左右。苎麻纤维纵向形态比较平直，有横节和竖纹(图2-8)；横向形态为腰圆形有中腔，胞壁上有裂纹(图2-9)。

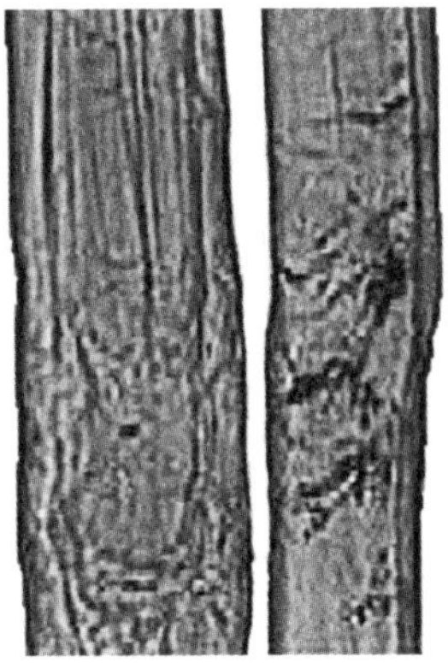

图2-8　苎麻纤维纵向形态

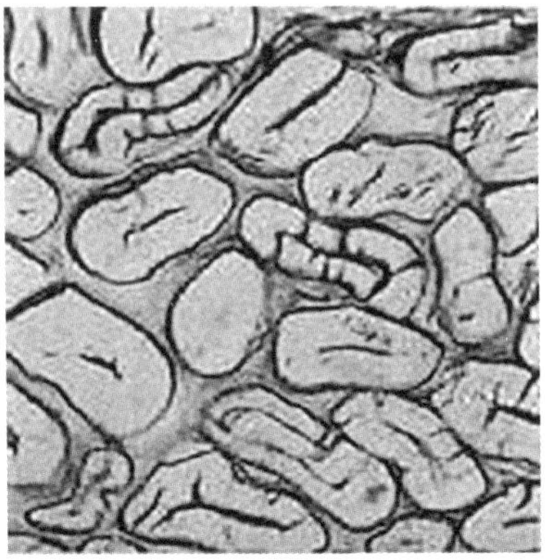

图2-9　苎麻纤维横向形态

亚麻，每30～50根单纤维被胶质粘结在一起组成一个纤维束，是天然纤维中唯一的束状纤维。亚麻单纤维平均长度为17～25 mm，最大长度可达130 mm，单纤维线密度为1.7～3.3 dtex。纵向形态表面比较平滑，但有横向裂节(图2-10)；横向形态为五角形或六角形，有中腔(图2-11)。

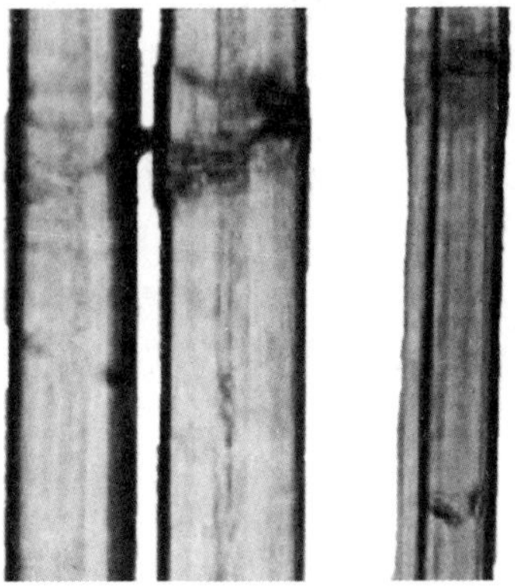

图 2-10　亚麻纤维纵向形态

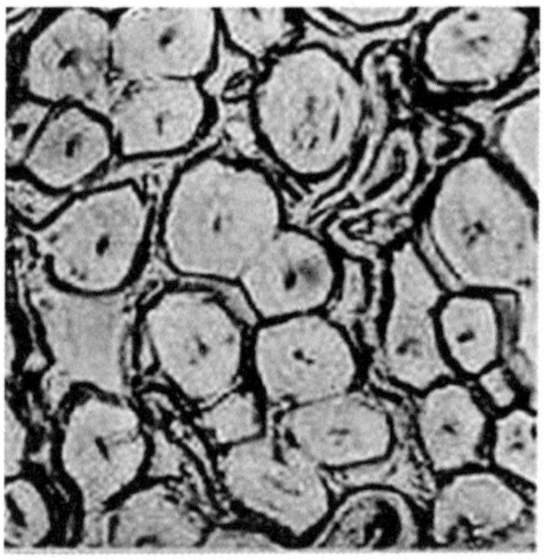

图 2-11　亚麻纤维横向形态

3. 麻纤维的服用性能

苎麻与亚麻的密度为 1.54～1.55 g/cm^3，与棉纤维基本相当。麻纤维织物不耐磨，但强度(4.9～5.5 cN/dtex)比棉大，是棉纤维的 1.5 倍左右。麻纤维的缺点是弹性回复性差，延伸度小，产生褶皱后不易回复，麻纤维服装折叠处还会产生脆性断裂。麻纤维是纤维素纤维，很多化学性能与棉相似。麻纤维容易燃烧，燃烧时有烧纸的气味，麻纤维耐碱不耐酸，但比棉的耐酸性要好。可溶于 70%以上的硫酸和铜氨溶液。

苎麻纤维粗硬，初始模量高，纤维端呈尖锐状，接触皮肤有刺痒感。苎麻纤维吸放湿能力强，透气性好，吸湿透气性是棉纤维的 3～5 倍，穿着具有凉爽感。苎麻纤维不容易受霉菌腐蚀和虫蛀，具有天然抑菌、防螨、防臭功能。

亚麻纤维导热性、透气性极好，夏季穿着吸湿放湿速度快，能迅速降低皮肤表面的温度，感觉舒适。亚麻纤维织物具有抑制细菌作用，对绿脓杆菌、白色念珠菌等国际标准菌株的抑菌率可达 65%以上，对大肠杆菌和金色葡萄球菌珠的抑菌率高达 90%以上。亚麻纤维还能吸收紫外线，保护皮肤免受紫外线伤害。

第三节　来自工厂的纤维

一、柔软吸湿的黏胶纤维

黏胶纤维是一种再生纤维素纤维，它是以天然纤维素(棉、麻、竹子、树、灌木等)为原料，制成纤维素磺酸钠溶液，由于溶液的黏度很大，因而命名为“黏胶”，黏胶遇酸后，纤维素又重新析出，1893 年发展成为一种制造纤维素纤维的方法，这种纤维就叫做“黏胶纤维”。1905 年发明了一种稀硫酸和硫酸盐组成的凝固浴，实现了黏胶纤维的工业化生产，成为世界第一个大规模生产的化学纤维品种。

1. 黏胶纤维的种类

按黏胶纤维的性能可分为普通黏胶纤维、高湿模量黏胶纤维、高强力黏胶纤维。

普通黏胶纤维具有一般的物理机械性能和化学性能，可分为棉型、毛型和长丝型三种，俗称人造棉、人造毛和人造丝。高湿模量黏胶纤维在湿态下弹性模量较高，又称为富强纤维，简称富纤。高强力黏胶纤维具有较高的强力和耐疲劳性能。

黏胶纤维还可通过接枝等方法进行改性，提高某种性能，生产特殊用途的纤维。

2. 黏胶纤维的形态

普通黏胶纤维纵向形态有沟槽(图 2-12)，横截面形态为不规则的锯齿状(图 2-13)，有明显不均匀的皮芯结构。强力黏胶纤维横截面形态为均匀、轮廓圆滑的全皮结构。高湿模量黏胶纤维横截面形态近似圆形的全芯层结构。

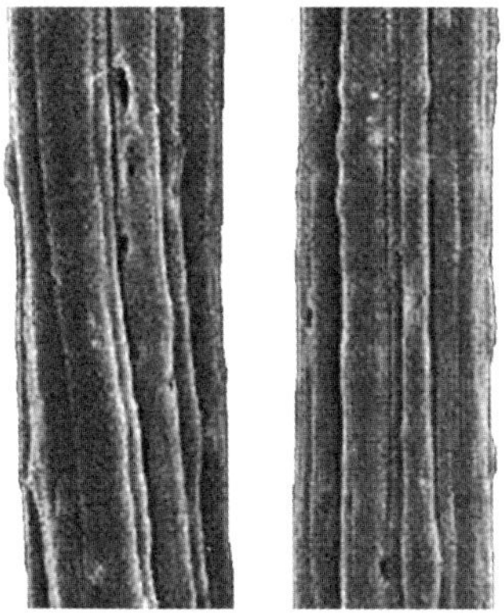

图 2-12　普通黏胶纤维纵向形态

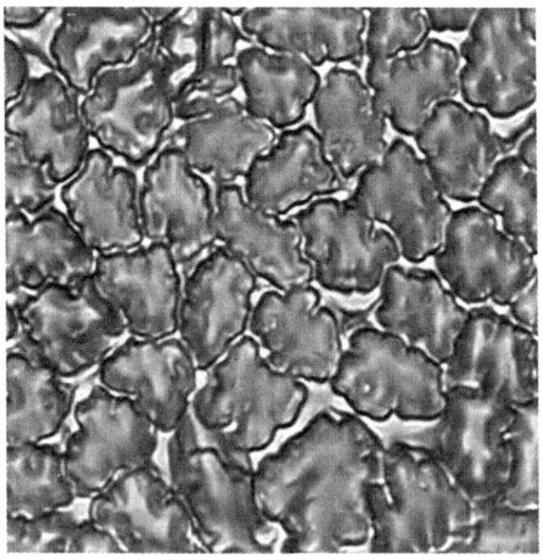

图 2-13　普通黏胶纤维横截面形态

3. 黏胶纤维的服用性能

黏胶纤维柔软吸湿，悬垂性好，抗皱性差。色泽上人造棉与棉相近，人造毛与毛相似，光泽暗淡；人造丝有像蚕丝的光泽，但不如蚕丝柔和。黏胶纤维密度为 1.5～1.52 g/cm^3，与棉相当。拉伸强度为 2.2～2.7 cN/dtex，比棉纤维小，不耐磨，抗皱性差，容易产生褶皱，不会产生起球现象。黏胶纤维吸湿性比棉好，抗静电性能好，导热性好，穿着时感觉凉爽。黏胶纤维不耐水洗，吸水后显著膨胀，直径增加可达 50%，织物下水后手感发硬，强度下降约 50%，收缩率大。黏胶纤维耐光性较好，抗老化能力强，耐热性好，可以高温熨烫(略低于棉)。保管时也要保持干燥，防止霉变。

黏胶纤维是再生纤维素纤维，主要成分是纤维素，化学性能与棉相似。黏胶纤维容易燃烧，燃烧时有烧纸的气味。黏胶纤维耐碱不耐酸，耐碱耐酸性均较棉差，能溶于 60%的硫酸及浓盐酸和铜氨溶液。黏胶纤维结构与棉纤维不同，不能进行丝光和碱缩。黏胶纤维服装可以采用碱性洗涤剂洗涤。

针对黏胶纤维湿强下降较大的缺点，科学家研制出了高性能黏胶纤维，我国把这种高性能黏胶纤维称为富强纤维，它的强度特别是湿强要比普通黏胶纤维高，尺寸稳定性也较好，耐磨性方面也有所改善，富强纤维服装洗涤后不会变形，比普通黏胶纤维服装更加耐穿。

二、滑爽如丝的醋酯纤维

1. 醋酯纤维的种类与形态

醋酯纤维是由纤维素与醋酐发生反应，生成纤维素醋酸酯，溶解在丙酮中成纺丝溶液，再经纺丝而成的纤维。醋酯纤维按醋酯化程度不同，分为二醋酯和三醋酯两类。醋酯纤维的纵向形态平直光滑，横截面形态似花朵状。

2. 醋酯纤维的服用性能

醋酯长丝酷似真丝，光泽优雅，手感柔软滑爽，悬垂性好。醋酯纤维密度为 1.3～1.32 g/cm^3，比棉要轻。醋酯纤维强度差（1.1～1.4 cN/dtex），湿态时更差，但断裂延伸率高，弹性回复性明显较黏胶纤维强，不易起皱。二醋酯纤维的吸湿性比棉略差一些，但三醋酯纤维差较多，容易产生静电。在水中的膨胀性较低，几乎不缩水。醋酯纤维耐日晒能力好，超过锦纶、黏胶纤维及棉纤维。

醋酯纤维的成分是纤维素醋酸酯，实际上不能算作纤维素纤维，醋酯纤维燃烧时，醋酯纤维受热先软化变形，后缓缓燃烧，并有助燃性，燃烧时有醋酸气味。醋酯纤维耐酸碱性不如纤维素纤维，可溶于冰醋酸和 60%以上的硫酸和浓硝酸。

三、挺括抗皱的涤纶

涤纶是我国的商品名，也被称作特丽纶，俗称"的确良"，学名为聚酯纤维，它是由对苯二甲酸二甲酯（或聚对苯二甲酸）与乙二醇合成为聚对苯二甲酸乙二醇酯，再通过熔体纺丝制得的合成纤维。聚对苯二甲酸乙二醇酯可以简称为聚对苯二甲酸乙二酯，英文缩写 PETP 或 PET。1941 年英国的温菲尔德（Whinfield）和迪克松（Dickson）发明，1953 年美国首先建厂生产，1972 年成为合成纤维的第一大品种。

我国涤纶发展起步较晚，聚酯短纤维 1965 年产量只有 100 吨，1977 年为 3.39 万吨，1985 年为 44.3 万吨，1994 年为 79.57 万吨。聚酯长丝 1978 年产量仅 1 200 吨，1985 年为 7.3 万吨，1994 年为 71.96 万吨。现在我国是涤纶生产大国，约占全球产量的 86%，其中长丝产能达 4 000 多万吨，短纤产能达 1 000 余万吨，涤纶在国内化学纤维产量所占比重也较高，达 82%以上。

1. 涤纶的种类

涤纶纤维按长度可分为短纤维和长丝两大类。

（1）涤纶短纤维

涤纶短纤维是由聚酯丝束切断后得到的短纤维，根据切断长度的不同可分为棉型、毛型、中长型纤维。

棉型短纤维：长度为 25～38 mm，线密度 1.33～1.56 dtex。

毛型短纤维：长度为 70～150 mm，线密度 3～9 dtex。

中长型纤维：长度为 51～76 mm，线密度约 2.5 dtex。

（2）涤纶长丝

所谓涤纶长丝，是指长度在千米以上连续的涤纶纤维，按生产方式分为初生丝、拉伸丝、变形丝。

初生丝包括：未拉伸丝（常规纺丝）（UDY）、半预取向丝（中速纺丝）（MOY）、预取向丝（高速纺丝）（POY）、高取向丝（超高速纺丝）（HOY）；

拉伸丝包括：拉伸丝（低速拉伸丝）（DY）、全拉伸丝（纺丝拉伸一步法）（FDY）、全取丝（纺丝一步法）（FOY）；

变形丝包括：常规变形丝（TY）、拉伸变形丝（DTY）、空气变形丝（ATY）。

2. 涤纶的形态特征

普通涤纶的纵向形态平直光滑，有的还有小黑点，横向形态为圆形或近似圆形，也可根据需要做成各种异形纤维，如三角形、Y 形、中空等异形截面。

涤纶一般为乳白色并带有丝光，加入 TiO_2 可以消除光泽，纯白色产品可以加入增白剂增白，也可以加其他颜料或染料生产有色涤纶。

3. 涤纶的服用性能

涤纶的强度较高(湿态强度与干态强度基本相同)，达到 4.1～5.7 cN/dtex，是锦纶的 4 倍，是黏胶纤维的 20 倍。涤纶的耐磨性也非常好，其耐磨性仅次于锦纶。涤纶的耐光性也很好，仅次于腈纶，而且还有抗紫外线的能力。涤纶的初始模量高，回弹性接近羊毛，抗皱性能好。涤纶的密度为 1.38～1.40 g/cm^3，与羊毛相近。涤纶是热塑性纤维，热定型能力强，只要不超过热定型时的温度，褶裥等能长久保持。日常不需要熨烫，熨烫温度可控制在 140～150℃。

涤纶几乎不具吸湿性，具有良好的洗可穿性能，但容易产生静电，沾污灰尘。涤纶织物尺寸稳定性好，基本不缩水。织物透气性也不好，穿着时会有闷热感。涤纶的染色性能差，需要高温高压才能染色，但色牢度较好。涤纶服装可随意保管，不会虫蛀和霉变。

涤纶的成分是聚对苯二甲酸乙二醇酯，属于酯类高分子物，燃烧时收缩熔融，有滴落拉丝现象，有酯类的芳香气味。遇到火星(如热的烟头)等会使涤纶织物产生孔洞。涤纶耐酸耐稀碱，耐漂白剂、氧化剂等，不耐常温下的浓碱、高温下的稀碱。酸性、中性、碱性洗涤剂均可用涤纶纤维服装的洗涤。

针对涤纶的缺点，开发了聚对苯二甲酸丙二醇酯(PTT)、聚对苯二甲酸丁二醇酯(PBT)等新型涤纶。PTT 纤维兼有涤纶、锦纶、腈纶的特性，防污性能好，易于染色，悬垂性好，富有弹性。PBT 纤维伸长弹性回复率好，易染色，分散染料沸染即可。

此外，在涤纶薄膜上镀铝箔，外涂有颜色的树脂保护涂层再进行切割，可以生产出金银丝或彩丝(金丝涂金黄色，银丝涂无色，彩丝涂彩色)，通常用在女士及儿童服装中，能增加服装的奢华与靓丽感。

四、高弹耐磨的锦纶

锦纶纤维，学名聚酰氨纤维，也称为尼龙或耐纶。锦纶是世界上第一种合成纤维，1935 年华莱士·卡罗瑟斯以己二酸与己二胺为原料制得尼龙，由于己二酸与己二胺均含有 6 个碳原子，当时称为聚合物 66。1939 年实现工业化生产，被定名为耐纶(Nylon)，是最早实现工业化生产的合成纤维品种。人们赞美这种纤维"像蛛丝一样细，像钢丝一样强，像绢丝一样美"，做成的尼龙丝袜，既透明又比丝袜耐穿，当时被视为珍奇之物。我国首先在锦州化纤厂生产，因此命名为"锦纶"。现在中国锦纶的产量达 400 多万吨，约占中国化学纤维总产量的 6%。

1. 锦纶的种类

锦纶种类很多，占主导地位的品种为锦纶 6 和锦纶 66，我国以锦纶 6 为主。锦纶 6 是聚己内酰胺纤维，常用己内酰胺先开环为氨基己酸，再通过缩聚或加成过程形成聚己内酰胺，最后熔体纺丝得到锦纶 6。锦纶 6 主要用于制造织物，用于服装；锦纶 66 主要用于制造汽车轮胎、帘子布等工业生产。

2. 锦纶的形态特征

锦纶一般都是长丝，锦纶的形态特征与涤纶类似，纵向形态平直光滑，有小黑点，横向形态呈圆形，也有其他异形截面的绵纶。

3. 锦纶的服用性能

锦纶耐磨性特别好，是纺织纤维中最好的，耐磨性是棉纤维的 10 倍、羊毛的 20 倍；锦的初始模量比其他大多数纤维都低，刚性小，使用过程中容易变形，但是弹性好且耐疲劳，外力撤去后能回复原来的形状。锦纶的密度小，只有 1.14～1.15 g/cm^3，拉伸强度为 4.0～6.6 cN/dtex，是棉的 1～2 倍、羊毛的 4～5 倍、黏胶纤维的 2～3 倍，湿态下强度会下降。锦纶吸湿性在合成纤维中仅次于维纶，但远低于天然纤维和再生纤维。耐光性较差，在长时间的日光或紫外光照射下，强度会下降，颜色会发黄。耐热性不如涤纶，熨烫温度以 120～130℃为宜。锦纶服装保管没有特别的要求，也不会虫蛀或霉变。

锦纶 6 的主要成分是聚己内酰胺，燃烧时先收缩熔融，有滴落拉丝现象，有芹菜气味放出。锦纶耐碱不耐酸，能溶于 20%以上的盐酸、40%以上的硫酸。锦纶本身对洗涤剂没有特殊要求，但碱性洗涤剂（如洗衣粉、肥皂）可能使某些染料发生水解，发生掉色沾色等情况。

五、蓬松耐晒的腈纶

腈纶的许多性能与羊毛相似，有“合成羊毛”之称，腈纶是商品名，学名为聚丙烯腈纤维，但其中丙烯腈（习惯称第一单体）只占 90%～94%，第二单体占 5%～8%，第三单体为 0.3%～2.0%。单纯的丙烯腈聚合物制成的纤维缺乏柔性，发脆，染色也非常困难，第二单体能使纤维柔顺，第三单体能提高染色能力。常用的第二单体为非离子型单体，如丙烯酸甲酯、甲基丙烯酸甲酯等，第三单体为离子型单体，如丙烯磺酸钠等。

聚丙烯腈纤维的研究很早，1931 年就制造出了聚丙烯腈（PAN），但其不溶于大多数有机、无机溶剂，熔融温度又高于分解温度，无法采用溶液纺丝或熔融纺丝，直到 1942 年才发现了二甲基甲酰胺溶剂，采用溶液纺丝成功制得聚丙烯腈纤维。1950 年实现了工业化生产，1954 年开始用丙烯酸甲酯与丙烯腈的共聚物制取聚丙烯腈纤维，改进了纤维性能，提高了实用性，促进了聚丙烯腈纤维的发展。

我国 1958 年开始研制腈纶，1969 年实现腈纶工业化生产，经过 50 多年的发展，我国已成为世界腈纶行业最主要的生产和消费中心，正致力于研发与生产高附加值腈纶品种，特别是差别化腈纶产品的发展。腈纶是合成纤维三大品种之一，产量所占比例相对较小，目前中国腈纶产量为 50 多万吨。

1. 腈纶的种类

按照用途来分可分为固体腈纶、膨体腈纶两种。固体腈纶纱线加热或染色后不会变形。膨体腈纶纱线加热或染色后呈现膨体效果。另外还有改性腈纶、阻燃腈纶、发热腈纶、仿麻腈纶等。

2. 腈纶的形态特征

普通腈纶的纵向形态平直光滑，有沟槽或条纹，横向形态有圆形、哑铃形、叶形等。

3. 腈纶的服用性能

腈纶密度小（1.14～1.17 g/cm^3），比羊毛轻，弹性好（接近羊毛，比涤纶锦纶差），蓬松，手感柔软，保暖性好于羊毛。腈纶耐晒，对日光的抵抗性也比羊毛大 1 倍，比棉花大 10 倍，抗紫外线能力优于也其他合成纤维。

腈纶的拉伸强度为 2.2～4.4 cN/dtex，是羊毛的 2 倍，但低于涤纶和锦纶。腈纶的吸湿性不如锦纶，容易产生静电。腈纶不耐磨，耐磨性在合成纤维中最差。腈纶织物容易起球，耐热性也不好，熨烫温度一般控制在 130～140℃。腈纶服装不会虫蛀或霉变，保存比较简单。

腈纶的主要成分是聚丙烯腈，燃烧时火焰明亮，离开火焰会冒黑烟，燃烧迅速，有辛辣气味放出。腈纶有一定的耐酸碱能力，但不耐浓酸浓碱。腈纶服装对洗涤剂没有要求，碱性、酸性、中性洗涤剂均可使用。

六、似棉非棉的维纶

维纶，也叫维尼纶，学名是聚乙烯醇纤维。早在1930年就制得聚乙烯醇纤维，但不耐热水。1939年发明热处理和缩醛化方法，制得耐热水的聚乙烯醇缩醛纤维，1940年投入工业化生产。

维纶许多性能近似棉花，有“合成棉花”之称。纤维综合性能不如涤纶、锦纶和腈纶，产量较小，目前中国维纶年产量近9万吨。

1. 维纶的种类

维纶包括水溶纤维和醛化纤维两种。未经缩醛处理的聚乙烯醇纤维溶于水，就是水溶纤维。用甲醛缩醛化处理后耐热水，就是醛化纤维。狭义的维纶专指经缩甲醛处理后的聚乙烯醇缩醛纤维。维纶产品以短纤维为主，也有少量可溶性长丝。

2. 维纶的形态特征

维纶呈扁平带状，纵向形态平滑，有少许沟槽，横向形态为腰圆形或哑铃形。

3. 维纶的服用性能

维纶的密度(1.26～1.30 g/cm^3)比棉小，强度(3.3～5.5 cN/dtex)比棉大，耐磨性是棉的5倍。抗皱性能差，但比棉好，维纶织物容易起皱。维纶的吸湿性超过锦纶接近棉，是合成纤维中最好的。维纶服装吸汗透气，穿着舒适，导热率低，保暖性好。耐干热性接近涤纶，耐湿热性差，熨烫温度120～140℃。服装洗涤不能用热水，更不能用开水，热水会使其先软化再发硬，甚至变形。耐日光性与耐气候性较好，但洗涤后维纶服装由于含有水分不宜暴晒，收纳保管时也要保持干燥。

维纶的成分是聚乙烯醇(缩醛)，维纶不易点燃，燃烧时迅速收缩，缓慢燃烧，冒黑烟，有苦香气味。维纶耐碱性较好，不耐强酸，能溶于60%的硫酸、20%的盐酸。维纶服装碱性、酸性、中性洗涤剂都可以使用。

七、弹性卓越的氨纶

氨纶是一种弹性纤维，能够拉长6～7倍，学名聚氨酯纤维。氨纶是中国的商品名，美国叫莱卡和维林，日本叫尼奥纶，德国叫多拉斯坦。

氨纶于1937年由德国拜尔公司研究成功，1959年美国杜邦公司开始工业化生产。中国第一家氨纶企业是烟台氨纶厂，1989年开始生产。目前中国是全球最大的氨纶生产国，2022年中国氨纶的产量为86万吨，在中国化学纤维总产量中占比为1.33%。

1. 氨纶的种类

氨纶按制造方法分为聚酯型氨纶和聚醚型氨纶两个品种。

2. 氨纶的形态特征

常规氨纶纵向形态光滑，有些呈骨形条纹。横向形态为圆形或近似圆形。

3. 氨纶的服用性能

氨纶的弹性非常好，断裂伸长率达450%～800%，氨纶耐磨性、耐光性都比较好。氨纶的密度为1.0～1.3 g/cm^3，强度为0.44～0.88 cN/dtex，氨纶的吸湿性较差，耐热性也比较差，熨烫温度90～110℃为宜。

氨纶的主要成分是聚氨基甲酸酯，燃烧时边烧边熔，有特异气味，离开火焰停止燃烧。氨纶耐酸碱性、耐海水性、耐汗性较好，但不耐浓硫酸、氯化物及强碱，氧化物也能使纤维变黄与强力降低。

氨纶一般做成氨纶包芯纱等形式进行面料织造。

第四节　纤维世界新成员

1. 彩棉

彩棉就是彩色棉花，是天然纤维素纤维，彩棉的色素主要分布在胞腔内及靠近胞腔的部位，显现的色彩鲜艳度不高，颜色朦胧柔和。

彩棉在自然界中早已存在，明清时期流行的紫花布就是天然彩棉生产的，它是以天然棕色棉纤维经手工制作的织物，因棕色棉开紫花而得名。紫花布主要产地在江南地区，松江产紫花布最为著名，曾大量出口欧洲，成为19世纪30年代英国裤子的风行布料。

彩棉的颜色主要有棕、绿、红、鸭蛋青、蓝、黑等。它的颜色受遗传基因控制，可以传递给下一代。但色素遗传不稳定，纺织加工中不稳定，遇酸、碱、氧化剂等化学试剂或温度、PH值变化时，会变色、褪色、掉色等。但彩棉颜色较为耐洗，洗涤次数的增加反而会使其色彩鲜艳度增强。

彩棉的品质不如白棉，长度一般小于29 mm，为白棉的2/3至4/5；强度为1.4～1.7 cN/dtex，也没有白棉高；短绒率为15%～30%，也不如白棉好（白棉<12%）。

2. 改性羊毛

（1）丝光羊毛

丝光羊毛是将羊毛表面鳞片层全部或部分腐蚀去除，能降低羊毛的缩绒性，获得丝一般的光泽和手感。丝光羊毛织物具有羊绒般的手感，丝一样的光泽，手感滑糯，不会发生缩绒现象。丝光羊毛由于消除了表面鳞片，降低或消除了定向摩擦效应，所以也是防缩羊毛。

（2）彩色羊毛

彩色羊毛来自于有色绵羊，现有鲜红色、浅蓝色、金黄色、琥珀色、紫黑色、灰色以及雪青色的有色绵羊。给绵羊饲喂不同微量金属元素，能改变绵羊的毛色，如铁元素能使绵羊毛变成浅红色，铜元素能使绵羊毛变成浅蓝色等。彩色羊毛的色彩稳定性较好，用彩色羊毛制成的毛织品，经风吹、日晒、雨淋和洗涤，其毛色仍然鲜艳如初，毫不褪色。

3. 蜘蛛丝

蜘蛛丝的主要成分是蛋白质，密度为1.34 g/cm^3，与羊毛、蚕丝接近。蜘蛛丝光滑闪亮，耐紫外线。天然蜘蛛丝具有高强、高韧、高弹的性能，是已知的天然动物纤维丝中强度和弹性最高的一种蛋白纤维，它的强度与碳纤维、芳纶等高强纤维相接近，而且具有明显的韧性优势，蛛丝的延伸度可以达到130%而不断裂，能吸收巨大能量。蜘蛛丝耐热，300℃以上才开始变黄。蜘蛛丝耐低温性能也较好，蛛丝在－60～－50℃的低温下仍能保持高弹性。

蜘蛛丝的耐酸碱性与其他蛋白质纤维不同，不溶于稀酸稀碱，能溶于浓硫酸、甲酸，遇酸颜色加深，遇碱颜色变淡，不会被蛋白水解酶分解。但蜘蛛丝能生物降解，不会对环境造成污染。

4. 莱赛尔纤维

黏胶纤维在生产过程中会释放二硫化碳、硫化氢等有害气体，污染环境。20世纪90年代中期，被称为最环保的纤维莱赛尔纤维问世，莱赛尔纤维的原料是竹、木等浆粕，生产过程无化学反应，所用溶剂无毒并采用回收工艺回收溶剂（溶剂回收率高达99.7%），废弃物可生物降解。

有人把莱赛尔纤维总结为：有棉的“舒适性”、涤纶的“强度”、羊毛的“豪华美感”、真丝的“独特触感”。莱赛尔纤维类似黏胶，主要成分是纤维素，织物有类似丝绸的光泽，柔软悬垂性好，手感滑爽。强度好，干强略低于涤纶，湿强明显改善(干湿强比 85%)。莱赛尔纤维的抗皱性比棉纤维好一些。莱赛尔纤维的吸湿性比蚕丝好，并且透气，抗静电，缩水率低只有 2%。莱赛尔纤维在湿热条件下，会略微变硬。

5. 莫代尔纤维

莫代尔纤维是一种环保高湿模量再生纤维素纤维，原料最初采用的是榉木浆粕，与莱赛尔纤维一样，整个生产过程中没有污染。

莫代尔纤维具有棉的柔软、丝的光滑、麻的滑爽。莫代尔纤维的抗皱性能非常好，接触冷感强烈，其他服用性能基本与莱赛尔相同或相似。

6. 竹纤维

竹纤维是以竹为原材料制成的纤维，分为原生纤维素纤维和再生纤维素纤维两种。原生纤维素为竹原纤维，再生纤维素纤维有竹浆纤维和竹炭纤维。

竹原纤维是将竹子先进行物理加工再进行脱胶和梳理得到的天然纤维。

竹浆纤维是将竹子溶解成竹浆后制成浆粕，再通过纺丝工艺制成的再生纤维。如果没有特别指明，目前通常所说的竹纤维一般就是指竹浆纤维。

竹炭纤维是将竹子制成纳米级竹炭微粉，加入黏胶纺丝溶液中纺丝制成的纤维。

竹纤维最显著的特点就是具有天然抗菌、抑菌、除螨、防臭和抗紫外线功能。竹浆纤维加工过程中竹子的天然特性遭到破坏，纤维的除臭、抗菌、防紫外线功能明显下降。

竹浆纤维的密度为 1.33 g/cm^3，比棉轻，强度不如棉，耐热性好。竹纤维吸湿性能好，吸湿快干，吸放湿速率是棉的 2 倍多。

7. 大豆蛋白纤维

大豆蛋白纤维是唯一的植物蛋白纤维，它是从大豆豆粕中提取球蛋白，与腈基、羟基等高聚物接枝、共聚、共混制成纺丝液，经湿法纺丝而成，生产过程对环境等无污染，被誉为健康舒适纤维。其有着羊绒般的柔软手感，蚕丝般的柔和光泽，棉的保暖性和良好的亲肤性等优良性能，还有明显的抑菌功能，

美国、日本等早在 20 世纪中期就进行大豆蛋白纤维的研究，但均未达到纺织要求而宣告失败。1999 年我国农民企业家李官奇历经十年研究开发成功大豆质白纤维，是我国自主开发并率先实现工业化生产的高新技术纤维，也是我国拥有完全知识产权的纤维发明。

大豆蛋白纤维外观呈淡黄色，面料光泽如丝，滑爽而柔软，悬垂性也好。纵向有沟槽且有一定的卷曲，横向呈扁平状哑铃形或腰圆形，中间有细微孔隙。大豆蛋白纤维的密度约 1.31 g/cm^3。大豆蛋白纤维强度较高，接近于涤纶，吸湿后强力下降，抗皱性比棉差。吸湿性与棉相当，湿热稳定性差，导湿透气性优于棉，易洗、快干。大豆纤维耐酸碱性与其他蛋白纤维不同，大豆蛋白纤维耐碱性很好，在稀碱液中即使煮沸也不溶解，在浓碱中经煮沸后颜色会变红；不耐酸，在浓硫酸中很快溶解，在浓盐酸中可完全溶解，在冷稀酸中也有少量溶解。

8. 牛奶蛋白纤维

牛奶蛋白纤维是从牛乳中提取乳酪蛋白，与聚丙烯腈共混、交联、接枝制成纺丝液，再湿法纺丝而成。

1935 年意大利和英国首先利用牛乳中的蛋白质制取牛奶纤维，成本高，性能差，强度低，没有使用价值。1956 年日本用牛奶蛋白溶液和丙烯腈聚合物共混共聚接枝，开发出类似于真丝结

构的新型牛奶长丝，并于1969年开始工业化生产。我国从20世纪60年代开始研究牛奶纤维，由于当时食品供应紧缺，牛奶纤维被淡化。上世纪90年代我国牛奶蛋白纤维研制获得突破性进展，研制出纤维性能和品种可根据需要调整的牛奶蛋白纤维。

牛奶蛋白纤维纵向有许多沟槽，横向为不规则圆型并布满空隙，能够吸湿导湿，干爽透气，冬暖夏凉，但容易产生静电。牛奶蛋白纤维密度小（1.29 g/cm^3），纤维膨松细软，触感如羊绒般柔软、舒适、滑糯；牛奶蛋白纤维强度高（2.8～4.0 cN/dtex），耐穿耐洗耐晒，但不耐热，高温水能溶解酪素蛋白。牛奶蛋白纤维耐碱性差，耐酸性稍好。牛奶蛋白纤维具有天然抑菌功能，比羊毛、羊绒防霉防蛀，容易保管存放。

9. 聚乳酸纤维

聚乳酸纤维又称为玉米纤维，简称PLA，是将玉米、小麦等的淀粉发酵转化成乳酸，再经缩聚和熔融纺丝而制成的合成纤维。聚乳酸纤维的原料是植物可再生资源，废弃物可自然降解为二氧化碳和水，非常生态。

聚乳酸纤维的密度为1.27 g/cm^3，轻盈蓬松，悬垂性好。强度（3.0～4.5 cN/dtex）较高，接近涤纶纤维，断裂伸长率30%～50%，远高于涤纶和锦纶，模量小，与锦纶相近。弹性回复率高于涤纶，非常抗皱，但不耐磨。聚乳酸纤维耐酸碱性较好，与涤纶基本相同。聚乳酸纤维吸湿性差，只比涤纶略微好一点，芯吸性好，导湿快干。热导率低，保暖性好，超过棉及涤纶20%以上。聚乳酸纤维耐晒，且具有很好的抗紫外线能力。

聚乳酸纤维不易燃烧，燃烧时只有轻微烟雾，有淡淡的特殊甜味。聚乳酸纤维的熔点（165～170℃）低，不能用于高温环境。

除上述介绍的以外，还有很多新型纤维，如截面为三角（三叶、T型）形、多角（五星、五叶、六角、支型）形、扁平带状（狗骨形、豆形）和中空（圆中空、三角中空、梅花中空）等形状的异形纤维，借助凹槽的芯吸导湿结构的吸湿排汗纤维，同一纤维截面上存在两种或两种以上不相混合的聚合物的复合纤维，单纤维线密度小于0.44 dtex的超细纤维，添加了远红外吸收剂（陶瓷粉）的远红外纤维，添加阻燃剂的阻燃纤维等。

第五节　服装常用纤维的性能比较

纤维性能与服装的舒适性、保形性、耐用性等直接或间接相关，各种纤维一些性能优良，也有一些性能不够好，设计服装选择面料时要综合考虑纤维性能对服装的影响。服装常用纤维性能特点与大小（或高低）顺序见表2-3。

表2-3　常见纤维部分性能特点与大小（或高低）顺序

项目	性能特点	大小（或高低）顺序
密度	密度是指纤维单位体积的质量（g/cm^3）。它与纤维的轻柔性能及服装重量有关	棉＞黏胶＞麻＞铜氨＞涤纶＞蚕丝＞羊毛＞醋酯＞维纶＞腈纶＞锦纶＞氨纶＞丙纶
强度	纤维强度是指每分特纤维能承受的最大拉伸力（cN/dtex）。强度高，纤维结实耐用	麻＞锦纶＞丙纶＞涤纶＞维纶＞棉＞蚕丝＞铜氨＞黏胶＞腈纶＞氯纶＞醋酯＞羊毛＞氨纶

续表

项目	性能特点	大小(或高低)顺序
初始模量	初始模量就是纤维的弹性模量，指纤维在最初较小变形阶段，其应力与应变的比值。初始模量小，纤维容易变形，柔软；初始模量大，纤维不容易变形，硬挺	麻>富纤>蚕丝>棉>黏胶>氯纶>铜氨>涤纶>腈纶>醋酯>维纶>丙纶>羊毛>锦纶
断裂伸长率	断裂伸长率就是纤维被拉伸到断裂时所产生的伸长与原来长度的百分比。纤维的断裂伸长率越大，纤维的延伸性越好，变形能力越强	氨纶>氯纶>锦纶>丙纶>腈纶>涤纶>羊毛>蚕丝>黏胶>维纶>铜氨>棉>麻
耐磨性	纤维的耐磨性与服装的坚牢度密切相关，纤维的耐磨性受多种因素影响，如纤维大分子结构、断裂伸长率、弹性等	锦纶>丙纶>维纶>涤纶>腈纶>氯纶>羊毛>蚕丝>棉>麻>富纤>铜氨>黏胶>醋酯
吸湿性	纤维的吸湿性是指纤维吸收气态水分的能力。纤维标准回潮率越大，吸湿性越好。纤维吸湿后，容易变形，弹性会降低，服装容易起皱，还会影响强度和导电性能	羊毛>黏胶>富纤>苎麻>蚕丝>棉>维纶>锦纶>腈纶>氨纶>涤纶>丙纶\氯纶
耐日光性	耐日光性是指纤维抵抗日光破坏作用的性能。日光不但破坏强度，还会影响颜色和光泽	腈纶>麻>棉>羊毛>醋酯>涤纶>富纤>有光黏胶>维纶>无光黏胶>铜氨>氨纶>锦纶>蚕丝>丙纶

第六节 纱 线

纱线是由纺织纤维制成的细而柔软的纤维集合体，是纱和线的统称(图 2-14)。纱是将许多短纤维或长丝排列成近似平行状态，并沿轴向旋转加捻，组成具有一定强力和线密度的细长物体，也称单纱。线是由两根及以上的单纱合并加捻而成的，称为股线，简称线。股线还可以进一步进行合并加捻，得到复捻股线。

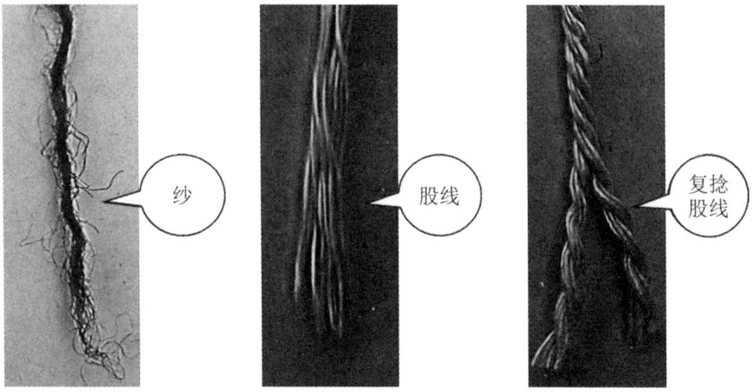

图 2-14 纱、股线、复捻股线

纱和线是不同的，纱由纤维直接构成，线则由纱直接构成。构成纱的纤维可以是一种纤维，也可以是多种纤维。构成股线的单纱，可以是短纤纱或长纤纱或两者都有，可以是同一种纤维，也可以是不同种的纤维。

一、纱线的种类

1. 短纤纱线与长丝纱线

短纤纱线是由短纤维（天然短纤维或化纤切断纤维）纺纱加工而成的纱线。

长丝纱线是由单根天然长丝（蚕丝）或化纤长丝构成，或经并合（加捻或不加捻）而成，有单丝、复丝、捻丝、复合捻丝、变形丝等，长丝纱线一般简称为长丝或丝。单丝就是指只有一根丝的单根长丝。复丝是指两根及以上的单丝并合在一起的丝束，化学纤维的复丝一般由 8～100 根单纤维组成。捻丝是经过加捻的复丝。复合捻丝是指捻丝一次或多次并合并加捻而成的丝。变形丝是利用合成纤维受热塑化变形的特点，在机械和热的作用下，使伸直的纤维变成卷曲的纤维。一类是蓬松性为主，外观体积蓬松，如膨体腈纶；另一类是弹性为主，叫做弹力丝。弹力丝分高弹和低弹两种，高弹丝以锦纶为主，多用于生产弹力衫裤、弹力袜等；低弹丝以涤纶为主，主要用于生产外衣和室内装饰布，丙纶低弹丝常用于制作地毯。此外，还有网络丝，也称为交络丝，它是一种复丝中的单丝互相缠结而呈周期性网络点的长丝，柔软蓬松，仿毛效果好。

2. 纯纺纱线、混纺纱线、交捻纱线与混纤纱线

纯纺纱线是指只用一种纤维制成的纱线。

混纺纱线是指用两种或两种以上不同纤维混合以后制成的纱线。

交捻纱线是指用两种或两种以上不同纤维原料（或不同颜色）的单纱捻合而成的线。

混纤纱线是指用两种或两种以上不同长丝（或性能、外观不同）并合在一起的纱线。

3. 精梳纱线与普梳纱线

精梳纱线是指用精梳纺纱系统制成的纱线。精梳纺纱系统包含精梳机，能将纤维中的杂质和粗短纤维去除，可以纺出高品质的细特纱线。

普梳纱线是指用普通纺纱系统（毛纺称粗梳系统）制成的纱线。普通纺纱系统不包含精梳机，主要用于纺制中特及以上的纱线。

4. 本色纱线与有色纱线

本色纱线是指纱线及组成纱线的纤维均未进行过漂白和染色，是纤维原有的颜色。

漂白纱线是指经过漂白处理的纱线，纱线洁白。

丝光纱线是指经过丝光处理的纱线，纱线具有丝一般的光泽，丝光后的纱线染色性能也得到改善。

染色纱线是指经过染色的纱线，纱线具有一定的颜色。

色纺纱线是指纤维染色后纺制的纱线，也就是用具有颜色的纤维纺出的纱线。

5. 包覆纱与包芯纱

包覆纱是以长丝或短纤维为纱芯，外包另一种长丝、纱线或短纤维纱条形成的特殊纱线。包芯纱一般以强力和弹力都较好的合成纤维长丝为芯丝，外包棉、毛、黏胶纤维等短纤维，包芯纱拉伸时芯丝一般不会外露。例如，棉氨包芯纱就是以弹性纤维氨纶长丝为芯，外包棉纤维形成的弹力纱线。

6. 花式纱线

花式纱线是指在纱线加工过程中采用特种工艺和特种设备对纤维或纱进行特种加工得到的具有特殊结构和外观效果的纱线，是一种具有装饰作用的特殊纱线。可以表现为纱截面粗细

不匀，色彩差异，表面有圈、结子、节、波浪、辫子等外观特征。

常见的花式纱线产品有竹节纱、大肚纱、彩点纱、结子纱、雪尼尔纱等。

二、纱线的细度

表示纱线粗细程度的指标称为线密度（又称细度）。纱线的细度可用直径、投影宽度、截面积、比表面积等直接表示，但是这些指标测量麻烦，只在科研上使用。实际使用中都是用间接指标表示，通用计量单位是特克斯，传统上还有旦尼尔、公制支数、英制支数等。

（1）特克斯（tex）：公定回潮率下，1 000 m 长的纱线所具有的质量克数（计算公式见式 2）。例如，1 000 m 长的纱线质量为 2 g，则该纱线细度为 2 tex。特克斯简称特，数值越大纱线越粗。

$$\mathrm{Tt}=\frac{1\,000\times m_k}{L} \tag{2}$$

式中：

Tt——纱线密度（tex）；

m_k——纱线在公定回潮率下的质量（g）；

L——纱线的长度（m）。

对于纱线来说，特克斯的单位有点大，因此纱线细度一般用分特（dtex）表示，分特是特克斯的十分之一，即 1 tex＝10 dtex。

（2）旦尼尔（D）：公定回潮率下，9 000 m 长的纱线所具有的质量克数。9 000 m 长纱线质量为 60 g，则该纱线细度为 60 旦尼尔。旦尼尔数值越大纤维越粗，主要用来表示化纤或蚕丝的细度。

（3）公制支数（N_m）：公定回潮率下，1 g 纤维所具有的长度米数，单位为公支。例如 1 g 纱线的长度为 500 m，则细度为 500 公支。公制支数数值越大纱线越细。

（4）英制支数（N_e）：1 pb（1 pb＝453. 6 g）纱线在英制公定回潮率（例如棉 9. 89％）时的长度为 840 码（1 码＝0. 914 4 m）的倍数，几个 840 码就是几英支，单位用上标 S 表示。英制支数主要用于表示棉纱线的细度，其数值越大纱线越细。

线密度（特克斯）数值越大，纱线越粗；数值越小，纱线越细。在棉（型）纱线中，通常将 32 tex 以上的纱线称为粗特纱，21～31 tex 的纱线称为中特纱，11～20 tex 的纱线称为细特纱，10 tex 以下的纱线称为特细特纱。

1. 单纱（单丝）的细度表示

用数字＋单位表示。如 19 tex，32 公支，40^S，120 D 等。

2. 短纤维股线的细度表示

用单纱的细度和股数表示，单位不同表示方法也不同（表 2-4）。

表 2-4 短纤维股线的细度表示方法

项目	单位	表示方法	举例及说明	
股线的单纱细度相同	特克斯	单纱的细度×股数	20 tex×2	表示 2 根 20 tex 的单纱并合加捻形成的股线
	公制支数	单纱的细度/股数	20/2	表示 2 根 20 公支的单纱并合加捻形成的股线
	英制支数	单纱的细度/股数	$40^S/2$	表示 2 根 40 英支的单纱并合加捻形成的股线

续表

项目	单位	表示方法	举例及说明	
股线的单纱细度不同	特克斯	各个单纱的细度中间用+连接	20 tex+25 tex+28 tex	表示1根20 tex、1根25 tex和1根28 tex的单纱并合加捻形成的股线
	公制支数	各个单纱的细度(无单位)中间用/隔开	20/25	表示1根20公支和1根25公支的单纱并合加捻形成的股线
	英制支数	各个单纱的细度(有单位)中间用/隔开	$40^S/45^S$	表示1根40英支和1根45英支的单纱并合加捻形成的股线

3. 长丝复丝的细度表示

蚕丝和化纤长丝虽然都是长丝,但其复丝的细度表示方法不同(表2-5)。蚕丝习惯上仍用纤度(即旦尼尔)表示细度,化纤现在都用分特(dtex)表示。

表2-5 蚕丝和化纤复丝的细度表示方法

项目	单位	表示方法	举例及说明	
蚕丝	纤度(D)	根数/最细的纤度/最粗的纤度	4/20/22 D	表示丝束中有4根单丝,细度都在20~22 D之间
	分特(dtex)	最细的分特数/最粗的分特数度×根数	55.50/77.70 dtex×3	表示丝束中有3根单丝,细度都在55.50~77.70 dtex之间
化纤	纤度(D)	总纤度/根数	120 D/30 F	表示由30根单丝并合成的细度为120 D的复丝
	分特(dtex)	总分特数/根数	150 dtex/72 F	表示由72根单丝并合成的细度为150 dtex的复丝

三、捻度和捻向

短纤维形成纱线,加捻是不可缺少的过程。短纤维束只有经过加捻才能成为纱,纱并合成线也需要加捻。加捻可使纤维间产生压力,从而在长度方向上获得摩擦力,能够让纱线具有一定强度并保持纱线的形态。

1. 捻度

纱线加捻程度的高低,用捻度来表示。加捻是回转运动,扭转一周,叫做一个捻回。我们把纱线单位长度上的捻回数,叫做捻度,单位为捻/10 cm(棉纱线)或捻/m(毛纱线、化纤长丝)或捻/cm(蚕丝)。捻度影响纱线的强力、刚柔性、弹性、缩率等指标。

捻度大的纱线称为强捻纱线,捻度小的纱线称为弱捻纱线,强捻弱捻纱线对面料的光泽、强度、弹性、表面风格等都有影响。

捻度不能用来比较不同粗细纱线的加捻程度,常用捻系数来表示纱线的加捻程度。捻系数可根据纱线的捻度和纱线的线密度计算得到。

2. 捻向

捻向就是加捻时回转的方向。纱线捻向有两种,叫做S捻和Z捻。S捻也称为右捻、顺手捻。Z捻也称为左捻、反手捻。

判断纱线是什么捻向,可以先把纱线垂直放置,看纤维须条的倾斜方向,与字母S中间部分倾斜方向一致的就是S捻,与字母Z中间部分倾斜方向一致的就是Z捻(图2-15)。

图 2-15　S捻与 Z捻示意图

单纱只有一个捻向，直接用字母 S 或 Z 表示即可。

股线或复捻股线则由内到外，按加捻的顺序用字母表示。例如，ZSZ 捻，表示单纱捻向为 Z 捻，再用 S 捻并合加捻成股线，再将股线用 Z 捻并合加捻成复捻股线。

四、混纺纱线的纤维含量表示

混纺纱线，按纤维含量递减顺序列出每一种纤维的名称，并在名称的前面或后面列出该纤维含量的百分比。纤维含量相同时，理论上纤维名称的顺序可任意排列，习惯上按天然纤维、合成纤维、再生纤维的顺序排列。例如，涤纶 65%、棉 35%混纺纱可以标示为：涤/棉(65/35)或 T/C(65/35)；涤纶 50%、棉 35%、黏胶纤维 15%混纺纱可以标示为：涤/棉/黏(50/35/15)或 T/C/R(50/35/15)。

此外，T/C、CVC、T/R、R/L 等表示的是混纺纱线，字母在前的表示纤维在纱线中的含量更高。如 40^{S}T/R(65/35)表示单根 40 英支涤纶(65%)黏胶(35%)混纺纱。CVC 是以棉为主、涤纶为辅的棉涤混纺产品，一般棉含量高于涤纶的就称之为 CVC 纱，反之为 T/C 纱，但通称 CVC 纱的棉含量都在 65%以上，C/T 表示棉涤比例 55/45，反之称为 T/C 纱。

第三章

经天纬地机织物

服装中最常用的面料就是机织物。 机织物是以纱线或长丝作经纬在织机上织造而成的织物。 机织物具有经纬纱线分布均匀、布面纹理形态规则、布身厚薄一致、不同品种风格各异的特点，非常适合用来设计与制造服装。

第一节　认识机织物

机织物是由纵横排列的两组纱线按一定的规律上下交织而成的，也称为梭织物。两组纱线分别称为经纱和纬纱，与布边平行的就是经纱，与布边垂直的就是纬纱(图 3-1)，一定的规律是指经纬相互交错时的沉浮规律。

图 3-1　经纬纱示意图

一、机织物的类别

1. 纯纺织物、混纺织物、交织织物等

纯纺织物是指经纬纱均用同一种纤维的纯纺纱线织成的织物，如纯棉织物、纯毛织物、纯涤纶长丝织物等。

混纺织物是指经纬纱均用同一种混纺纱线织成的织物，如涤棉混纺织物、毛涤混纺织物等。

交织织物是指经纬纱采用不同纤维的纱线或不同类型的纱线织成的织物。如经纱用黏胶长丝，纬纱用纯棉纱线织成的织物就是交织物。

除上述三种常见的类别外，还有交并织物、混并织物、混交织物、混并交织物等。

2. 纱织物与线织物

纱织物是指经纬纱都采用单纱织成的织物。纱织物手感柔软，相对轻薄，强力与耐磨性较差。

线织物是指经纬纱都采用股线织成的织物。与纱织物相比，线织物强度好，挺括，布面细腻平整，光泽好。

半线织物是指经纬纱分别用单纱和股线织成的织物，一般是经纱用股线，纬纱用单纱。半线织物股线方向的强力较好，性能特点介于纱织物和线织物之间。

3. 原色织物、漂白织物、染色织物、印花织物等

原色织物是指未经任何印染加工保持纤维原有色泽的织物，又称为本色织物。

漂白织物是指经过漂白处理的织物，漂白织物去除了天然色素和各种杂质，产品洁白光亮。

染色织物是指经过匹染染色加工具有某一种色彩的织物。

印花织物是指经过印花加工具有一定花型图案的织物。印花过程也可看作是局部染色的过程。

色织物是指经纬纱线先染色再织造的织物。经纬纱线可以有多种色彩，要根据事先设计好的色纱配置，按顺序穿经和引纬，色织物一般以条格花型为主，结合织物组织也能形成其他一些图案。

色纺织物采用的纱线通常有两种或两种以上不同颜色，织成的色纺织物具有特殊的混色效应。

二、机织物的规格参数

1. 长度

织物的长度一般用“米(m)”表示，国际贸易中也有用“码”作长度单位的。

一匹布的长度称为匹长，匹长的大小根据织物的用途、厚度、重量及卷装容量来确定。通常棉织物匹长为 30～60 m，精纺毛织物匹长为 50～70 m，粗纺毛织物匹长为 30～40 m，丝织物匹长为 20～50 m，麻类夏布匹长为 15～35 m。

2. 宽度

织物宽度是指织物横向左右两端最外缘的两根经纱之间的距离，称为幅宽，也叫门幅或布封(广东一带)，一般用厘米(cm)或英寸(in)表示。织物的幅宽根据织机及用途来确定。传统有梭织机生产的织物一般不超过 70 in，新型布机如箭杆、喷气等无梭织机生产的织物可达 120 多 in。36 in、44 in、56～60 in，分别称作窄幅、中幅与宽幅，高于 60 in 的为特宽幅，目前特宽面料的幅宽可以达到 360 cm。通常棉织物的幅宽为 80～120 cm 和 127～168 cm，精纺毛织物幅宽 144～149 cm，粗纺毛织物幅宽为 143 cm、145 cm、150 cm，丝织物幅宽为 70～140 cm。

3. 厚度

织物厚度是指在一定压力下的测量得到的厚度，单位为毫米(mm)。

4. 单位面积质量

单位面积质量是指每平方米织物的质量克数，常被称为面密度，单位为 g/m^2，也有写为 gsm 的。国际贸易中牛仔布用“平方码盎司(oz/yd^2)”来表示，即每平方码织物的重量盎司数，换算关系为 $1\ oz/yd^2 = 33.9\ g/m^2$。丝绸的单位面积质量一般用姆米(m/m)表示，换算关系为 $1\ m/m = 4.305\,6\ g/m^2$。

通常机织物单位面积质量的大小范围表示中，棉织物为 70～250 g/m^2，精纺毛织物为 130～350 g/m^2，粗纺毛织物为 300～600 g/m^2，丝织物为 20～100 g/m^2。

5. 经纬密度

密度分为经向密度和纬向密度。经向密度是指横向单位长度内的经纱根数，纬向密度是指纵向单位长度内的纬纱根数，一般用根/10 cm 或根/in 表示。

丝织物的密度通常会用纵横各 1 in 内的经纱纬纱根数之和来表示，单位为 T。例如，某丝织物 1 in 内经纱根数为 120 根，纬纱根数为 90 根，则该丝织物密度规格为 210 T。

织物密度并不能完全反映织物的紧密程度，同样密度的织物，如果纱线粗细不一样，很明显较粗纱线织物更加紧密，用“紧度”来表示其紧密程度则更加合理。织物的紧度是指织物中纱线投影面积与织物全部面积之比值，比值大的说明织物紧密，比值小说明织物较稀疏。紧度分为经向紧度、纬向紧度和织物总紧度三种。

6. 织物规格参数的表达

幅宽、经纬纱细度、经纬向密度、织物组织是织物的重要规格参数，一般表达为：

幅宽(cm)，经纱特数×纬纱特数，经密×纬密(根/10 cm)，织物组织

例如，160，14.5×14.5，512×276，平纹；160，(12×2)×28，352×248，2/1 右斜。

也有采用英制单位的，其表达为(英寸为“″”，英支为上标“S”)：

幅宽(in)，经纱英支数×纬纱英支数，经密×纬密(根/in)，织物组织

例如，57″，32^S×16^S，100×80，2/2 左斜；61″，32^S＋60^S/2×32^S，110×70，2/1 右斜。

有时，也有人把幅宽写在最后。

三、机织物的组织

1. 组织的几个概念

织物组织是指在织物内经纱和纬纱相互交错或彼此浮沉的规律。

经纱和纬纱的交叉之处，称为组织点(浮点)；经纱浮在纬纱上，称为经组织点(经浮点)；纬纱浮在经纱上，称为纬组织点(纬浮点)。

连续浮在另一系统纱线上的纱线长度称为浮长，用跨越的纱线根数表示。

当经组织点和纬组织点浮沉规律达到循环时称为一个组织循环(或一个完全组织)。完全组织是由最少根数的经纱和纬纱构成的可重复的织物组织。构成一个组织循环的经纱数用 R_j 表示，纬纱数用 R_w 表示。

织物的经组织点数等于纬组织点数，称为同面组织；经组织点数多于纬组织点数，称为经面组织；纬组织点数多于经组织点数，称为纬面组织。

组织点的位置关系用组织点飞数来表示，符号为“S”。沿经向相邻两根经纱上对应的两个组织点之间相距的组织点数(相邻两根经纱上对应的两个组织点间隔的纬纱根数)叫经向飞数，以 S_j 表示；沿纬纱相邻两根纬纱上对应的两个组织点之间相距的组织点数(相邻两根纬纱上对应的两个组织点间隔的经纱根数)叫纬向飞数，以 S_w 表示。飞数具有方向性，向上或向右为正，向下或向左为负。

2. 组织图

组织图是在意匠纸上表示织物中经纬纱线交织规律的图形。意匠纸就是由规则的水平细线和竖直细线构成的适合表征织物组织和图案的纸，也就是小方格纸，坐标纸就可以当作意匠纸使用。

组织图中(图 3-2)，纵列格子代表经纱，横行格子代表纬纱。以意匠纸左下角为起始点(第一根经纱和第一根纬纱的相交处)，起始点的纵列代表第一根经纱，自左至右经纱的顺序号逐渐增加(可用阿拉伯数字表示)；起始点的横行代表第一根纬纱，自下而上纬纱的顺序号逐渐增加(可用中文数字表示)。每个格子代表一个组织点(浮点)。代表经组织点的格子要画上一个符号(可以用“×”“○”“△”等，电脑作图可以填充颜色)，代表纬组织点的格子不要画任何符号，空白即可。同一个组织图中使用的符号必须一致。

绘制组织图时，只需绘出一个组织循环图即可，并将组织循环图的外框加粗。

对于简单的组织，也可以用分数形式的表达方式。对于平纹和斜纹组织，在一个组织循环内，用分子代表一根经(纬)纱上的经组织点数，分母代表一根经(纬)纱上的纬组织点数，分子分母之和等于 R_j 或 R_w。例如平纹可以表达为$\frac{1}{1}$，读作 1 上 1 下。

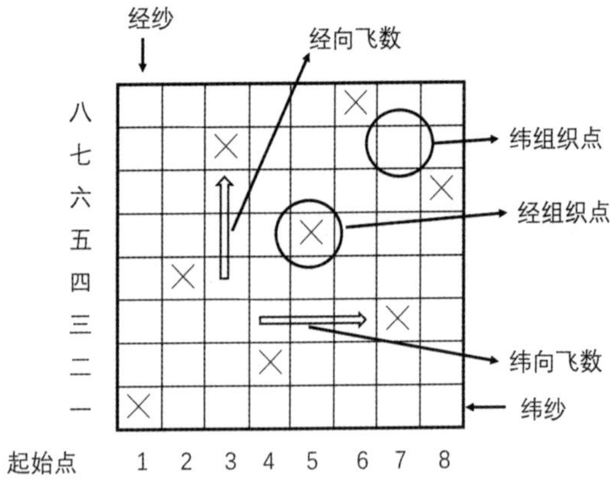

图 3-2 组织图绘制示意说明图

第二节 机织物组织

一、组织种类

机织物组织种类很多(图 3-3),最简单的是三原组织,包括平纹、斜纹、缎纹组织。三原组织也称为基本组织,其他组织都是以这三种组织作为基础进行变化和组合而成的。

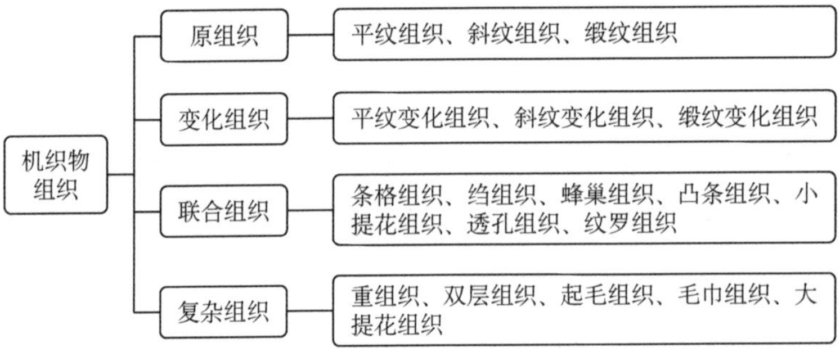

图 3-3 典型的机织物组织

二、常见组织

1. 平纹组织

平纹组织是最简单的组织,也是最常用的组织。平纹组织的交织点最多,质地最为坚牢,外观最为平挺。

平纹组织是同面组织,分数表达式为$\frac{1}{1}$(图 3-4),组织参数为:$R_j=R_w=2$,$S_j=S_w=\pm1$。

平纹组织在一个组织循环内有两根经纱和两根纬纱进行交织,有两个经组织点和两个纬组织点。平纹经组织点数等于纬组织点数，所以平纹组织为同面组织。

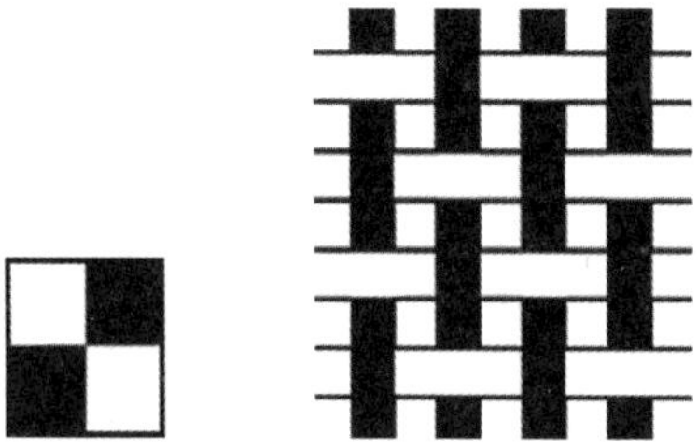

图 3-4　$\frac{1}{1}$平纹组织

2. 斜纹组织

斜纹组织的织物表面会呈现一定角度的斜线纹路，可以左斜也可以右斜。斜纹组织有很多种，构成斜纹的一个组织循环至少要有 3 根经纱和 3 根纬纱($R_j=R_w\geqslant 3$)。斜纹组织交织点比平纹少，可以织出比平纹更大的密度和厚度，斜纹组织面料手感比平纹组织面料柔软，抗皱性比平纹组织面料好。

下面介绍几种常见的斜纹组织。

① 组织循环 3 根经纱和 3 根纬纱组成的斜纹

共有 4 种，分数表达式为$\frac{2}{1}\nearrow$(图 3-5)、$\frac{2}{1}\nwarrow$(图 3-6)、$\frac{1}{2}\nearrow$(图 3-7)、$\frac{1}{2}\nwarrow$(图 3-8)。$\nearrow$代表右斜，$\nwarrow$代表左斜。例如，$\frac{2}{1}\nearrow$读作 2 上 1 下右斜纹。分子大的为经面组织，分子小的为纬面组织。组织参数为：$R_j=R_w=3$，右斜 $S_j=S_w=+1$，左斜 $S_j=S_w=-1$。

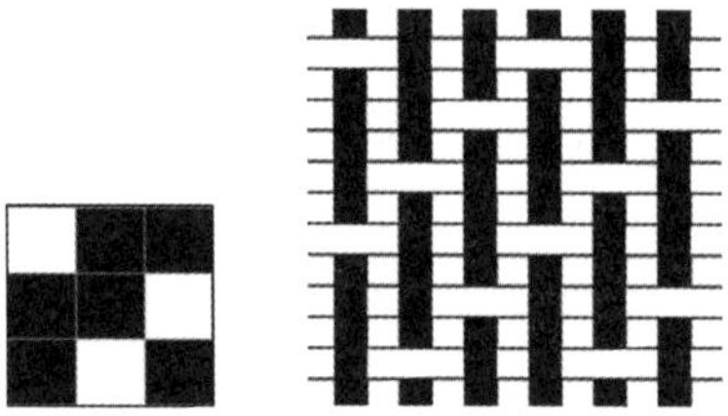

图 3-5　$\frac{2}{1}\nearrow$组织

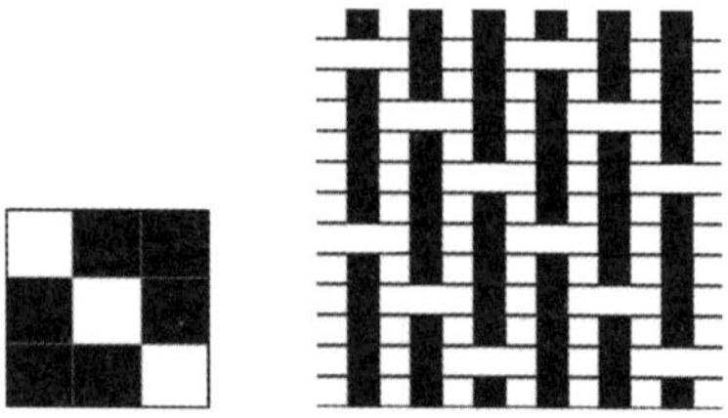

图 3-6　$\frac{2}{1}\nwarrow$组织

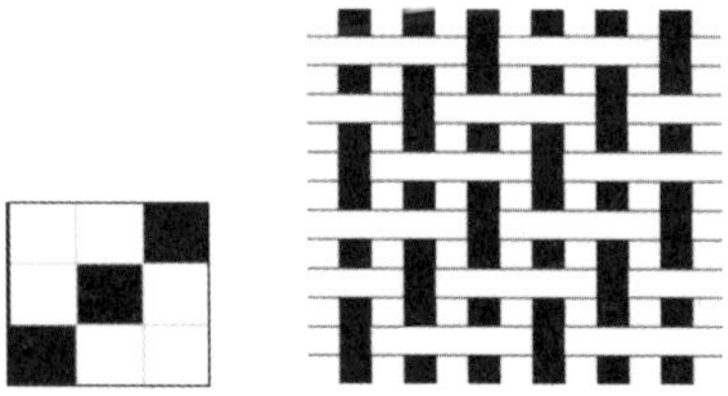

图 3-7　$\frac{1}{2}\nearrow$组织

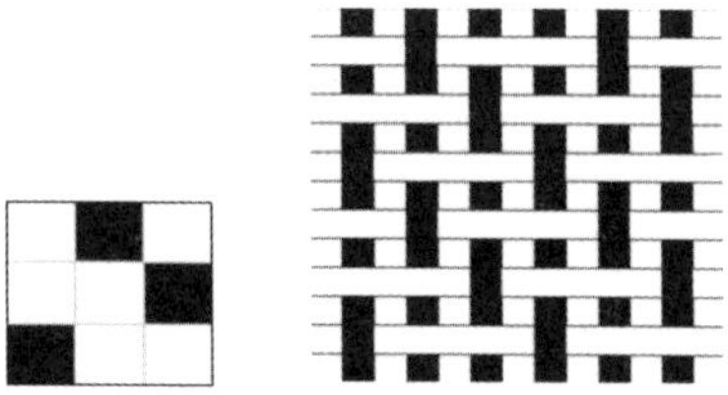

图 3-8　$\frac{1}{2}\nwarrow$组织

② 组织循环 4 根经纱和 4 根纬纱组成的斜纹

基本组织共有 4 种，分数表达式为$\frac{3}{1}\nearrow$(图 3-9)、$\frac{3}{1}\nwarrow$(图 3-10)、$\frac{1}{3}\nearrow$(图 3-11)、$\frac{1}{3}\nwarrow$(图 3-12)。组织参数为：$R_j=R_w=4$，右斜 $S_j=S_w=+1$，左斜 $S_j=S_w=-1$。

斜纹组织中分子大的为经面组织，分子小的为纬面组织，分子分母相等的为同面组织，例如$\frac{2}{2}\nearrow$（图 3-13）和$\frac{2}{2}\nwarrow$（图 3-14）就是同面组织（这两种组织是斜纹变化组织中的加强斜纹，不属于原组织）。

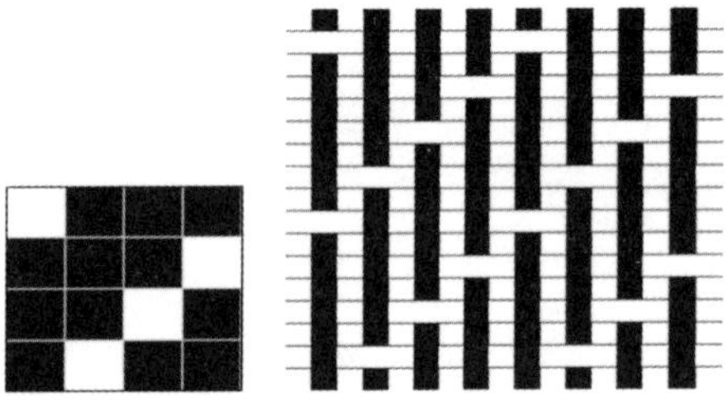

图 3-9 $\frac{3}{1}\nearrow$组织

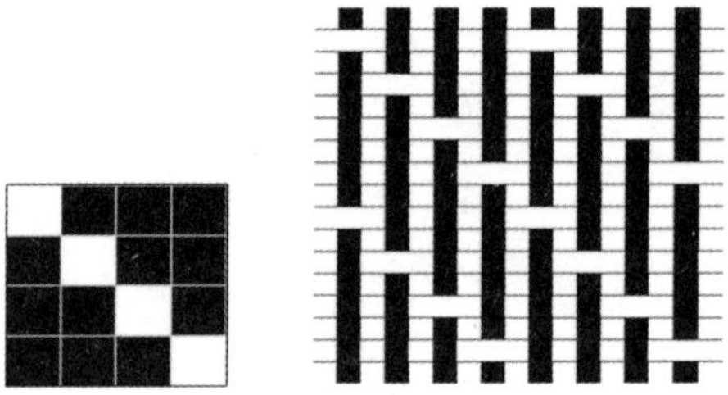

图 3-10 $\frac{3}{1}\nwarrow$组织

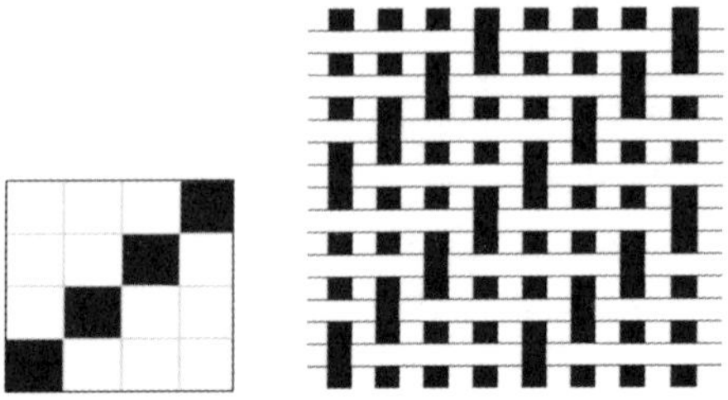

图 3-11 $\frac{1}{3}\nearrow$组织

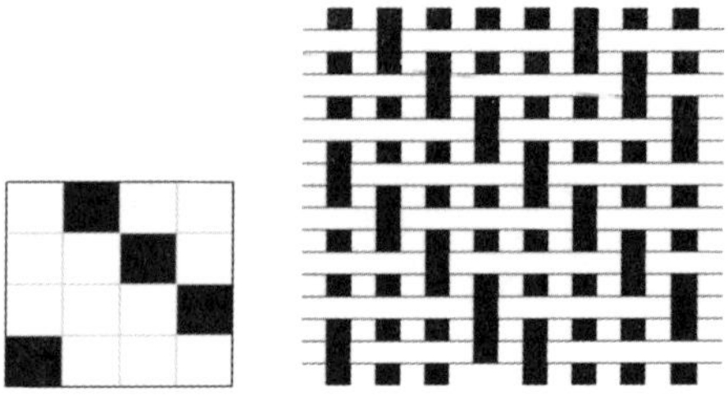

图 3-12 $\frac{1}{3}\nwarrow$组织

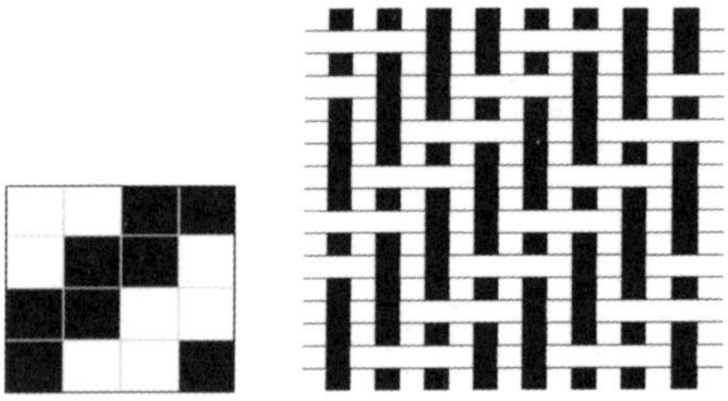

图 3-13 $\frac{2}{2}\nearrow$组织

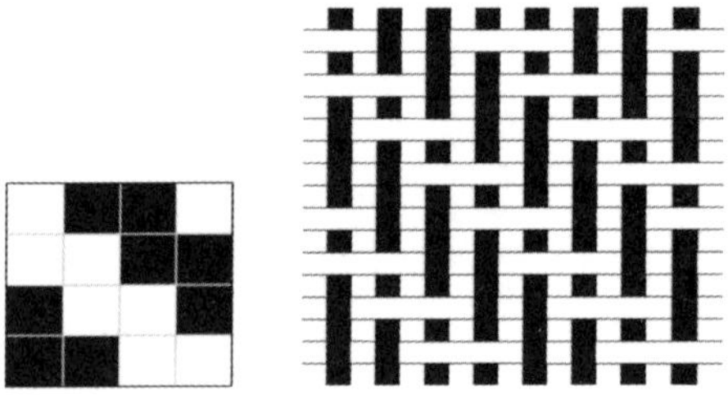

图 3-14 $\frac{2}{2}\nwarrow$组织

3. 缎纹组织

缎纹组织的交织点比斜纹少，经组织点或纬组织点形成分布均匀的单个组织点（周围没有相同的组织点）。缎纹组织具有较长的浮长，手感柔软滑润，密度可以更大，织物更厚实，悬垂性好，耐磨性不如斜纹。

构成缎纹的一个组织循环至少要有 5 根经纱和纬纱（$R \geqslant 5$），飞数 S 为常数，飞数最小为 2，最大为 $R-2$，R 与 S 必须互为质数。若 $R=6$，S 只能是 2 或 3 或 4，这样 R 与 S 存在公约数，不能形成缎纹组织，所以 R 不能为 6。

缎纹组织的命名形式为“R 枚 S 飞经（纬）面缎纹”（经面缎纹用经向飞数，纬面缎纹用纬向飞数），这里的枚代表一个完全组织中的经（纬）纱根数，比如五枚缎纹，它的经纬纱根数就是 5 根，R 和 S 的数值通常使用中文数字。例如，五枚三飞经面缎纹，八枚五飞纬面缎纹等。

缎纹组织用分数形式的表达，分子代表枚数，分母代表飞数（经面缎纹用经向飞数，纬面缎纹用纬向飞数)，后面用文字说明是经面还是纬面缎纹。例如，$\frac{5}{3}$经面缎纹，$\frac{8}{5}$纬面缎纹。

缎纹组织可以有许多种，经常使用的是五枚缎纹或八枚段纹。

① 五枚缎纹

共有 4 种，分数表达式为$\frac{5}{2}$经面缎纹(图 3-15)、$\frac{5}{2}$纬面缎纹(图 3-16)、$\frac{5}{3}$经面缎纹(图 3-17)、$\frac{5}{3}$纬面缎纹(图 3-18)。

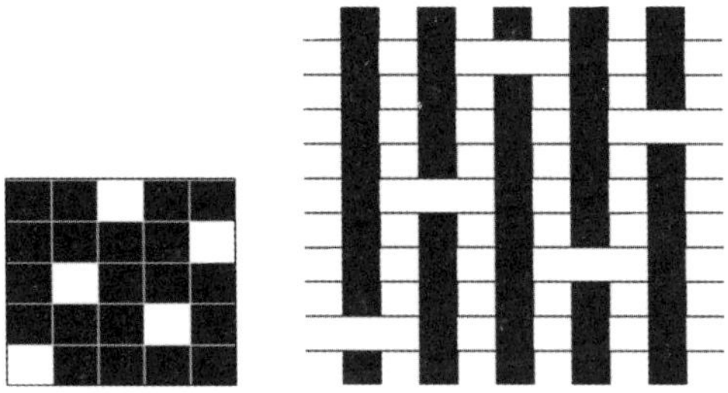

图 3-15　$\frac{5}{2}$经面缎纹组织

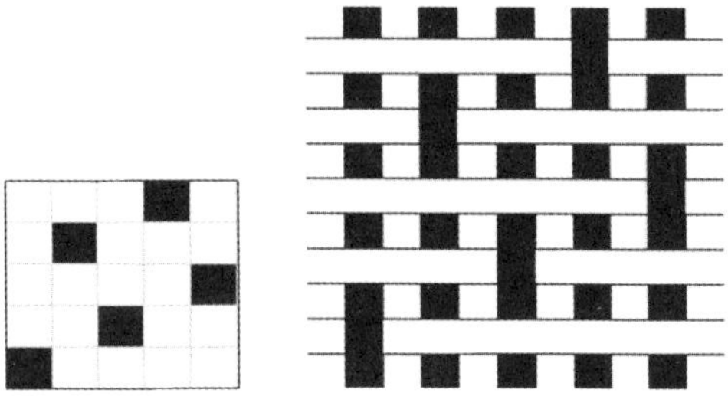

图 3-16　$\frac{5}{2}$纬面缎纹组织

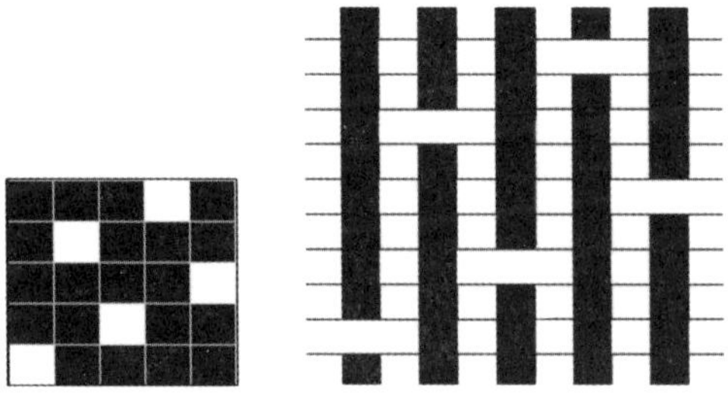

图 3-17　$\frac{5}{3}$经面缎纹组织

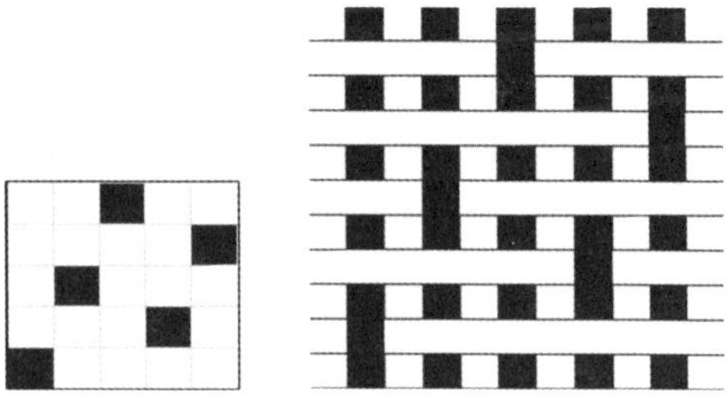

图 3-18　$\frac{5}{3}$纬面缎纹组织

② 八枚缎纹

共有 4 种，分数表达式为$\frac{8}{3}$经面缎纹(图 3-19)、$\frac{8}{3}$纬面缎纹(图 3-20)、$\frac{8}{5}$经面缎纹(图 3-21)、$\frac{8}{5}$纬面缎纹(图 3-22)。

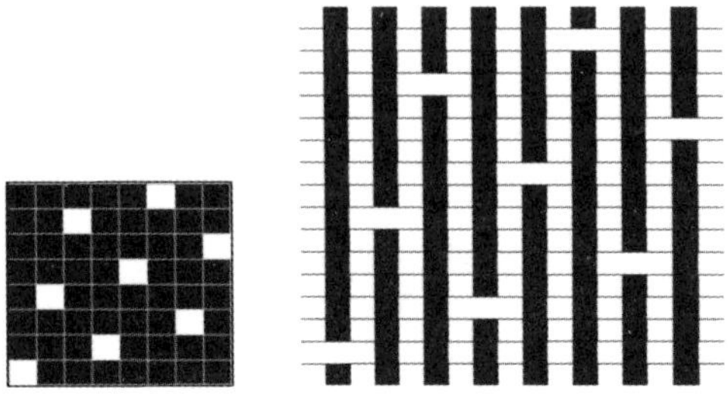

图 3-19　$\frac{8}{3}$经面缎纹组织

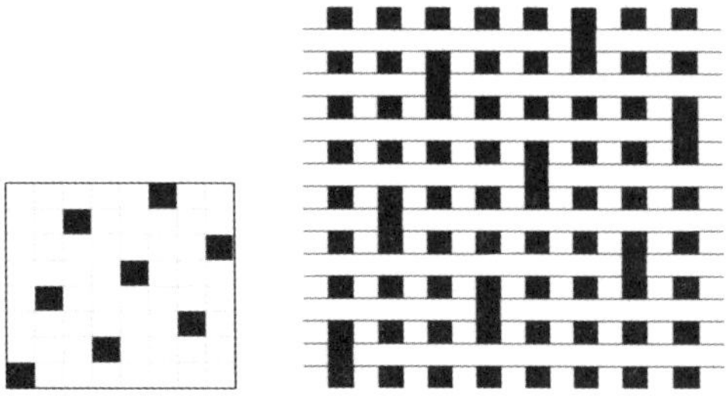

图 3-20　$\frac{8}{3}$纬面缎纹组织

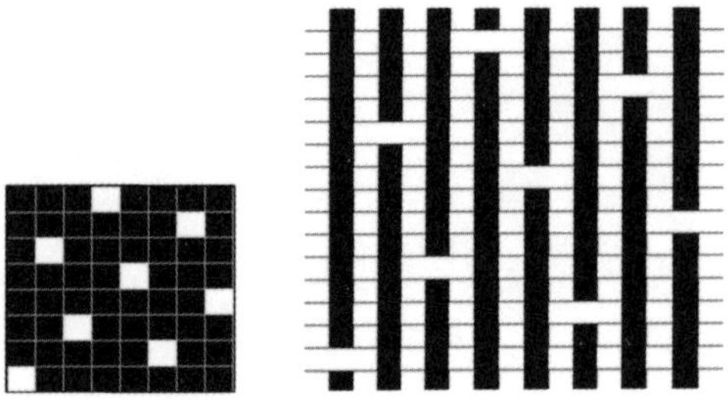

图 3-21 $\frac{8}{5}$经面缎纹组织

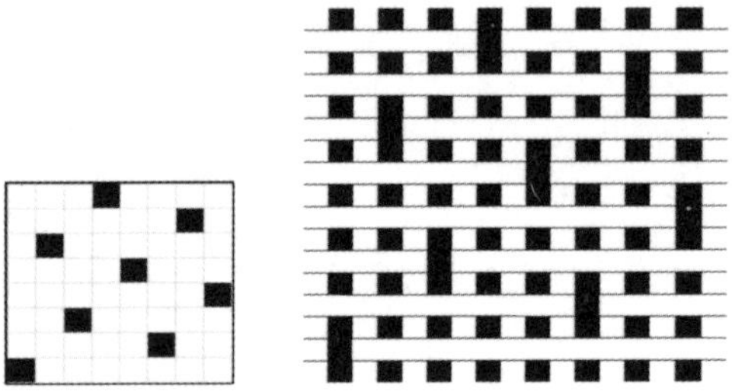

图 3-22 $\frac{8}{5}$纬面缎纹组织

4. 变化组织

变化组织是在原组织的基础上加以变化(如改变纱线的循环数、浮长、飞数、斜纹线方向等)而获得的各种派生组织。平纹变化组织的织物,有的外观呈现凸条纹效应,有的则外观平整,手感松软有弹性,光泽较好。

变化组织可分为三类:平纹变化组织、斜纹变化组织、缎纹变化组织。

① 平纹变化组织

平纹变化组织是在平纹的基础上通过延长组织点而得到的组织,包括重平组织、方平组织等。

沿着经纱方向延长组织点即可得到经重平组织(图 3-23)。向上向下延长的组织点数可以相同也可以不同,延长的组织点数不同的叫做变化经重平组织(图 3-24)。

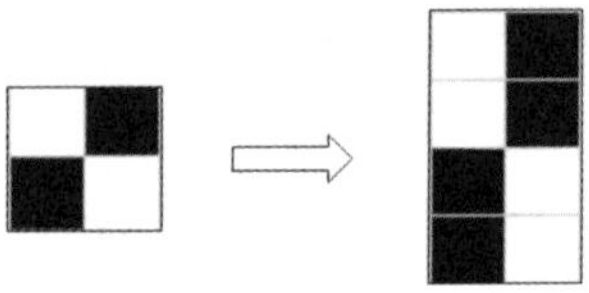

图 3-23 $\frac{2}{2}$经重平

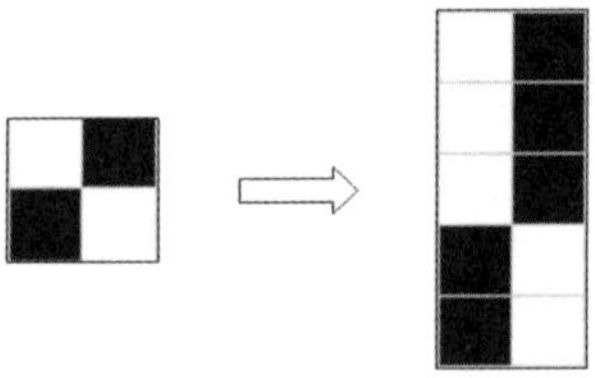

图 3-24 $\frac{2}{3}$变化经重平

沿着纬纱方向延长组织点即可得到纬重平组织(图 3-25)。与经重平组织一样,也有变化纬重平组织(图 3-26)。

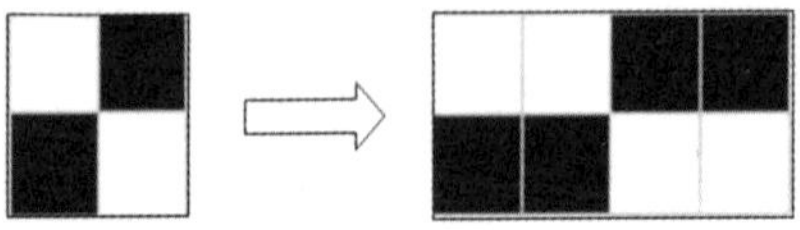

图 3-25 $\frac{2}{2}$纬重平

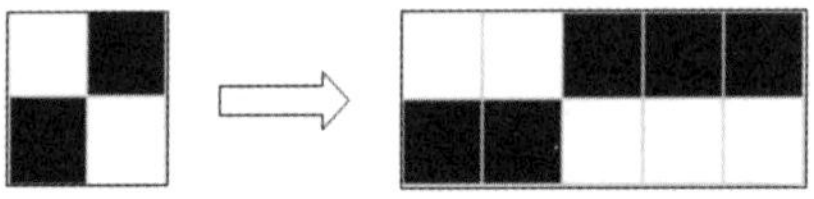

图 3-26 $\frac{2}{3}$变化纬重平

沿着经纬两个方向同时延长组织点即可得到方平组织(图 3-27)。同样,方平组织也有变化方平组织(图 3-28)。

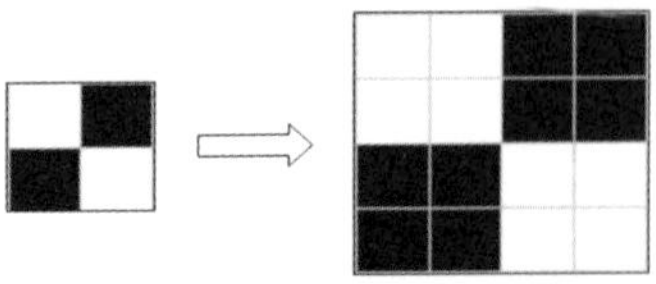

图 3-27 $\frac{2}{2}$方平

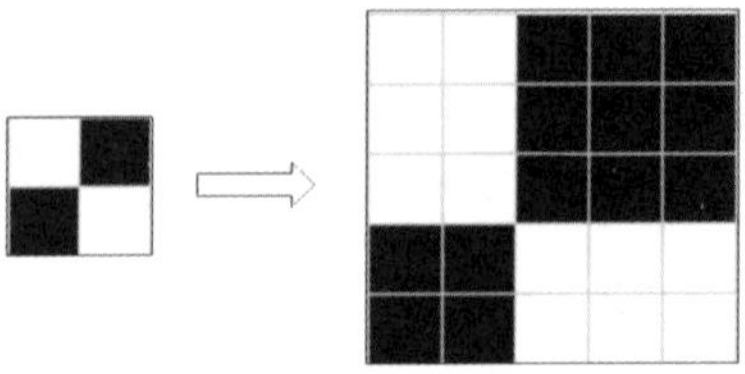

图 3-28 $\frac{2}{3}$变化方平

② 斜纹变化组织

斜纹变化组织是在原组织斜纹的基础上将经浮点或纬浮点作重复或延伸而得到的组织。包括加强斜纹、复合斜纹、山形斜纹、破斜纹、角度斜纹、急斜纹、缓斜纹、曲线斜纹等。下面简要介绍一下加强斜纹、复合斜纹、山形斜纹。

加强斜纹是以斜纹组织为基础，延长单个组织点而得到的组织(图 3-29)。各根纱线上没有单独的组织点，浮长线变长，增加了斜纹效应且坚牢度增加。分子＞分母为经面加强斜纹；分子＜分母为纬面加强斜纹；分子＝分母为双面加强斜纹。

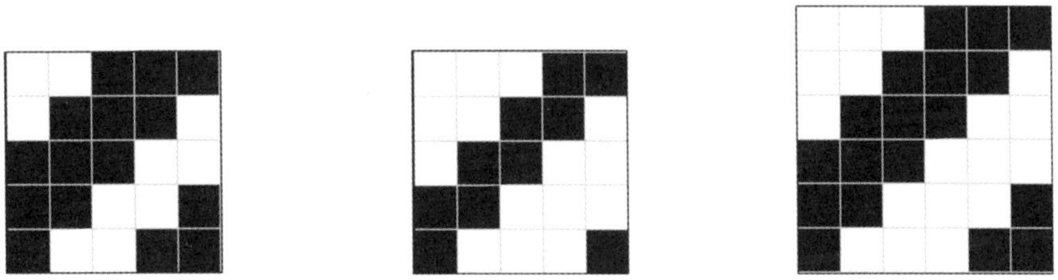

图 3-29　几种加强斜纹($\frac{3}{2}\nearrow$、$\frac{2}{3}\nearrow$、$\frac{3}{3}\nearrow$)

复合斜纹是在一个组织循环中，有两条或两条以上粗细不同的斜纹线(浮长线)构成的组织(图 3-30)。简单地说，复合斜纹就是两种斜纹的组合。例如，$\frac{2}{1}\nearrow$与$\frac{3}{2}\nearrow$组合形成$\frac{2\ \ 3}{1\ \ 2}\nearrow$(读作 2 上 1 下 3 上 2 下复合右斜纹)，即把两种斜纹的第一根经纱的组织点组合起来形成复合斜纹的第一根经纱的组织点，然后按照斜纹组织的作图方法补充好其余的组织点(图 3-30)。同样，复合斜纹也有经面复合斜纹、纬面复合斜纹、双面复合斜纹。

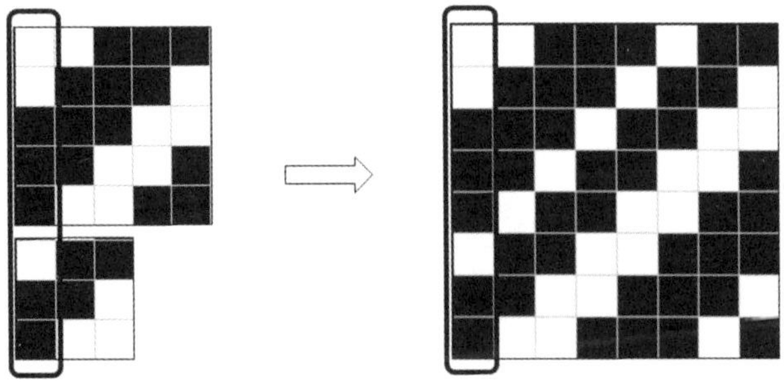

图 3-30　$\frac{2}{1}\nearrow$与$\frac{3}{2}\nearrow$组合形成$\frac{2\ \ 3}{1\ \ 2}\nearrow$

山形斜纹是以斜纹组织(原组织斜纹、加强斜纹、复合斜纹)为基础组织，在一定的位置改变斜纹的斜向形成的斜向左右(或上下)相反类似于山峰形状的组织。山峰方向与经纱方向相同称为经山形斜纹；山峰方向与纬纱方向相同称为纬山形斜纹。

下面以$\frac{3\ \ 1}{2\ \ 2}\nearrow$基础组织的经山形斜纹组织为例，说明其形成过程(图 3-31)。先绘制$\frac{3\ \ 1}{2\ \ 2}\nearrow$基础组织，然后对其左右镜像出一个组织图(变为左斜纹)，把镜像组织图第一根经纱和最后一根经纱去除，再与原基础组织图合并就形成了经山形组织。

③ 缎纹变化组织

缎纹变化组织是以缎纹组织为基础，保持完全组织根数不变，对组织点数、位置或经纬面转

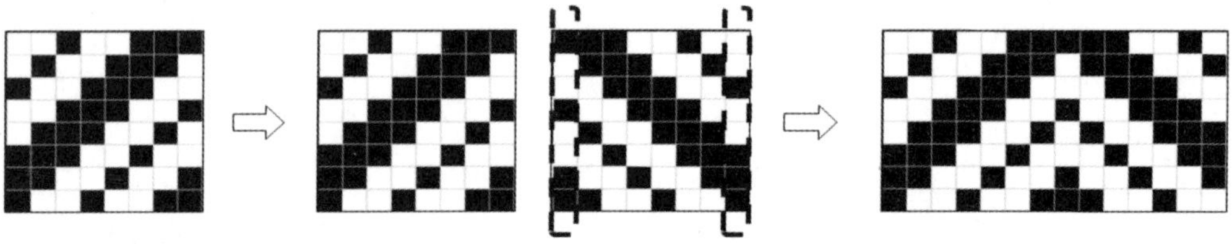

图 3-31 $\frac{3\ \ 1}{2\ \ 2}\nearrow$为基础组织的经山形斜纹组织

换等进行变化形成的。常用的有加强缎纹和变则缎纹，此外还有重缎纹、阴影缎纹等变化缎纹。

加强缎纹是在缎纹的原组织点的四周增加一个或多个组织点形成的。加强缎纹能增加织物的牢度，可以改变织物的外观和风格。图 3-32 为$\frac{8}{5}$纬面缎纹的两种加强缎纹举例。

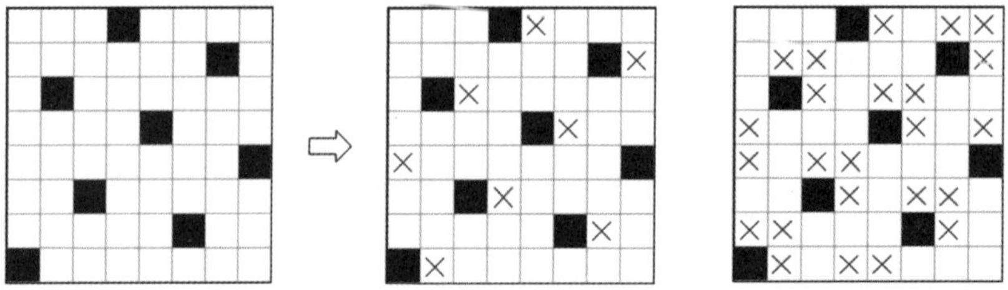

图 3-32 $\frac{8}{5}$纬面缎纹的两种加强缎纹

变则缎纹是改变缎纹原组织点的位置形成的，实际上就是飞数变化的缎纹。图 3-33 为三种八枚纬面变则缎纹。标准缎纹是没有六枚缎的，但由于飞数的变化，可以有六枚变则缎纹等。

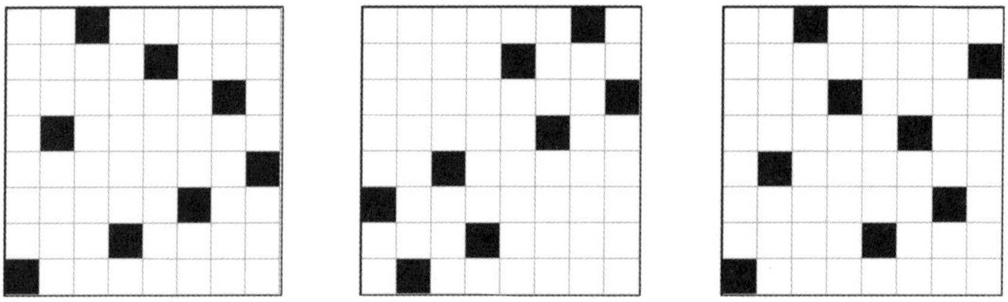

图 3-33 三种八枚纬面变则缎纹

重缎纹是延长缎纹组织的纬向或经向组织循环根数，也就是延长组织点的经向或纬向浮长所得的组织。阴影缎纹是由纬面（或经面）缎纹逐渐过渡到经面（或纬面）缎纹形成的变化缎纹。

5. 联合组织

联合组织是将两种或两种以上的组织（原组织或变化组织），按各种不同的方法联合而成的新组织。常见的联合组织有条格组织、绉组织、透孔组织、蜂巢组织、凸条组织、网目组织、小提花组织等。图 3-34 为纵条纹组织，图 3-35 为绉组织。

6. 复杂组织

原组织、变化组织、联合组织都是由一个系统的经纱和一个系统的纬纱交织而成，而复杂组织中至少有一种是由两个或两个以上系统的纱线组成。

原组织、变化组织、联合组织都可作为复杂组织的基础组织，根据复杂组织结构的不同，主要有重组织、双层组织、多层组织、凹凸组织、起毛组织、毛巾组织、纱罗组织等。

图 3-34　一种纵条纹组织

图 3-35　一种绉组织

7. 配色模纹

我们知道机织物表面经组织点显示的是经纱颜色、纬组织点显示的是纬纱颜色。根据这个特点，利用不同颜色的纱线与织物组织相配合，在织物表面能构成各种不同花型的图案，就是配色模纹。

配色模纹作图共分成四个区(图 3-36)，在左上方的Ⅰ区内绘组织图，左下方的Ⅱ区内表示各色纬纱的排列顺序，右上方的Ⅲ区内表示各色经纱的排列顺序，在右下方的Ⅳ区内为所形成的织物外观，即配色模纹图。

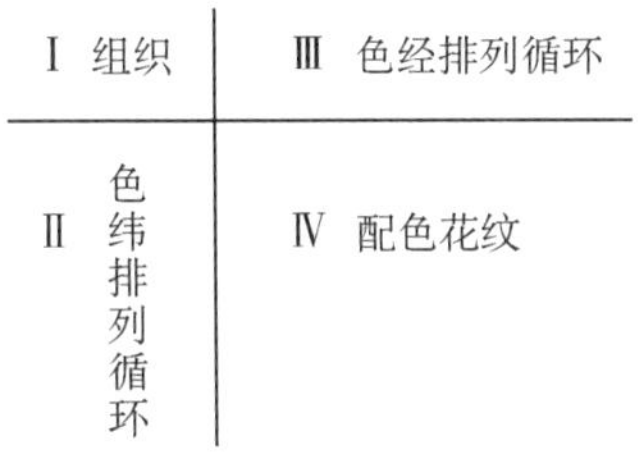

图 3-36　配色模纹分区图

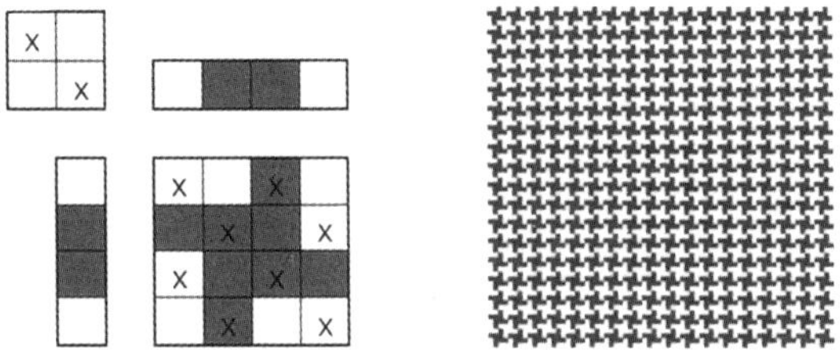

图 3-37　小点模纹设计图及效果模拟图

例如，常见的小点模纹(图 3-37)，可以用平纹组织，经纱、纬纱用两种颜色排列就可以形成。

第三节　棉　织　物

棉织物是指用棉纤维(或棉型化学纤维)纯纺、混纺或交织形成的机织物。

一、平纹织物

平纹织物是指采用平纹组织或平纹变化组织织制的织物，交织点多，质地轻薄坚牢，表面平整，透气耐磨。平纹组织结构虽然简单，但种类也不少，下面介绍一些常见的平纹织物品种。

1. 平布

平布采用平纹组织织制，经纬纱线密度相同(或相近)，经向纬向密度也相同(或相近)。平布结构简单，布面均匀，坚牢耐磨。平布分为粗平布、中平布、细平布。本色平布含有浆料保管时要防止受潮霉烂，裁剪前需要预缩水，缩水率大约10%左右。

(1) 粗平布

粗平布也称粗布，经纬纱线密度为32 tex及以上，经纬密度为150～250根/10 cm，经纬向紧度为35%～60%，单位面积质量为150～200 g/m^2。粗平布采用的原料一般为低等级棉花，棉结杂质较多，布身粗糙厚实，手感糙硬，坚牢耐磨，价格低廉，常用于粗犷风格的服装衣料或辅料，如衬衫、短裤、袋布衬布、袄里等。化纤织制的粗平布，布面光洁不粗糙。

粗平布中有一种叫毛蓝布的织物，它是用靛蓝染料染色加工的棉粗布，布面有茸毛和褶皱。

(2) 中平布

中平布也称市布，经纬纱线密度为21～31 tex(28^S～19^S)，经纬密度为200～270根/10 cm，经纬向紧度为35%～60%，单位面积质量为100～150 g/m^2。中平布，布面平整丰满，厚度适中，手感略硬但比粗平布细软，坚牢耐用，常用于衬衫、裤子、里料、衬布等衣料或辅料。

(3) 细平布

细平布也称细布，经纬纱线密度为10～19 tex(59^S～29^S)，经纬密度为240～370根/10 cm，经纬向紧度为35%～60%，单位面积质量为80～120 g/m^2。细平布质地轻薄，布面光洁，手感平滑柔软，常用于衬衫、裤子等夏季服装衣料。

化纤或混纺平布有黏纤平布、富纤平布、黏棉平布、黏维平布、涤棉平布、涤黏平布等。染色平布有漂布、元布(黑布、青布)、灰布、蓝布、红布等。

粗平布、中平布、细平布都是平布，主要区别是纱线细度与品质不同，经纬密度不同，厚薄不同等。

2. 细纺

细纺的经纬纱线一般用精梳棉纱或涤棉混纺纱，经纬纱线密度为6～7.5 tex(100^S～80^S)，经纬密度为360～530根/10 cm，经纬向紧度为30%～45%，质地细腻轻薄，结构紧密，布面光洁，手感柔软，与丝绸中纺类相仿，适宜用作夏季衬衫等衣料。

3. 府绸

最早是指山东历城、蓬莱等县在封建贵族或官吏府上织制的织物，其手感和外观类似于丝绸，故称府绸。

府绸属于中高档服装面料，具有高支高密的特点。府绸的经纬纱配置与外观效应密切相关，纱线细度较细，经纬纱细度相等或纬纱略粗于经纱，纱府绸为10～29 tex(60^S～20^S)，线府绸为5 tex×2～14 tex×2；府绸经密较高(经密通常达100根/in以上)，经纬密比例为2∶1或5∶3，经纬向紧度之比一般为5∶3(经向紧度61%～80%，纬向紧度35%～50%)。

府绸结构紧密，质地轻薄，布面匀净，织纹清晰，手感滑爽柔软，有丝绸感，视觉丰富，表面有明显的菱形颗粒纹(图3-38)。常用于衬衫、裙装、便装等。

4. 巴厘纱

巴厘纱是用细特强捻纱线织制的经纬密度较小的稀薄平纹织物，也称玻璃纱(图3-39)。巴厘纱经纬纱采用J10～14.5 tex(60^S～40^S)强捻(捻系数400～480)单纱或5 tex×2～J7.5 tex×2($120^S/2$～$80^S/2$)强捻股线(单纱捻系数340～360，股线捻系数475～520)，经纬密度均为196～236根/10 cm，紧度为25%～40%。巴厘纱质地稀薄，手感挺爽，布孔清晰，透明度强，透气性好，弹性良好，具有免烫性。可用作衬衫、裙装等女装衣料。

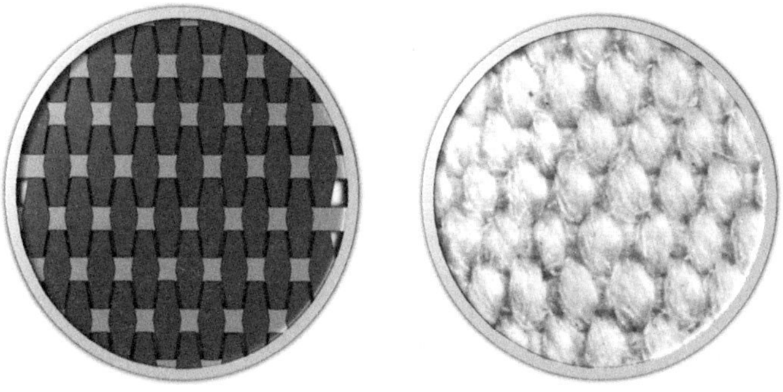

图 3-38　府绸表面的菱形颗粒纹

还有一种叫麦尔纱的，也是一种低密度的平纹织物。麦尔纱大多用棉纱织制，也有用涤棉、涤黏、棉维等混纺纱线织制的。麦尔纱的经纬纱细度相同或相近，一般为普梳单纱，经向紧度为28%～40%，纬向紧度为24%～36%。麦尔纱结构稀疏，质地轻薄，手感柔软，透气性好，可以用于制作衬衣、头巾、面纱等。

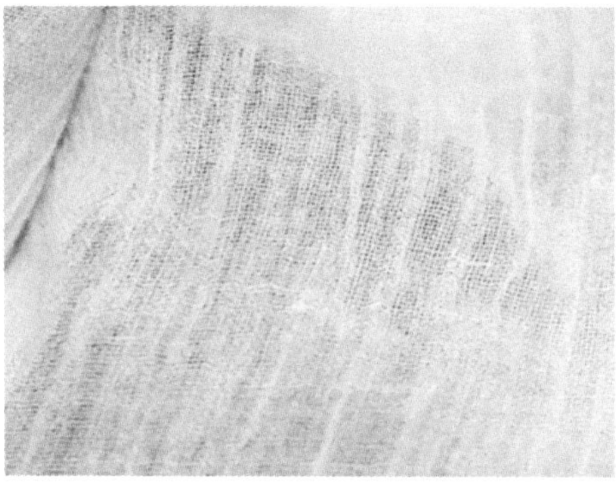

图 3-39　巴厘纱

图 3-40　防羽绒布

6. 防羽绒布

防羽绒布是采用较细纱线织制的经纬密度较大的薄型织物，又称防羽布、防绒布(图 3-40)。常见的防羽绒布采用平纹或纬重平(双经单纬)组织，它的经纬纱线细度相同或相近。平纹防羽绒布经纬纱线常选用 13～29 tex(45^S～20^S)的棉纱或涤棉混纺纱；纬重平防羽绒布经纱常选用J7.5 tex×2～J10 tex×2(J80^S/2～J60^S/2)纯棉股线，纬纱常选用166.5 dtex(150 D)涤纶低弹丝、16～18 tex(36^S～32^S)涤纶纯纺纱或涤棉混纺纱。防羽绒布经纬向紧度分别在 73%和 53%以上，总紧度达 88%以上。防羽绒布结构紧密，能有效防止羽绒向外钻出，常用作羽绒服装的面料。此外，丝织物中也有全涤纶长丝、全锦纶长丝织造的防羽绒布。

7. 麻纱

麻纱是布面纵向有宽窄不等的条纹轻薄棉织物，手感挺爽如麻，故称麻纱(图 3-41)。

普通麻纱的组织为纬重平组织(也有纬二重或纬二重变化组织)，经纬纱采用捻度较大的细特纱，经纬向密度都较低。经纬纱线一般用 13～19.5 tex(45^S～30^S)棉或涤棉纱线，经向捻度比纬向捻度高为 10%～15%(经纱捻系数为 380～400，纬纱捻系数为 285～310)，通常纬密比经密高 10%～15%(经向紧度 40%～55%，纬向紧度为 45%～55%)。

普通麻纱布身轻薄透气，布面光洁匀净，条纹清晰，抗皱挺滑，穿着舒适。麻纱的纬向缩水率比经向大，裁剪衣服时纬向要留有足够的余量。麻纱适宜用作衬衫等夏季服装的衣料。

除普通麻纱外，还有柳条麻纱、异经麻纱、提花麻纱等。柳条麻纱是经纱按组织循环排列形成条纹的平纹织物，条纹之间有一条孔隙(减二根经纱)，柳条宽度约 2.0～2.5 mm，孔隙约为柳条宽的 1/4。异经麻纱是指不同粗细的经纱形成的织物，采用二上一下变化纬重平组织，单经双经细度不同(一般单经线密度略小于双经线密度)，条纹更加清晰明显。提花麻纱布面上有花纹图案。

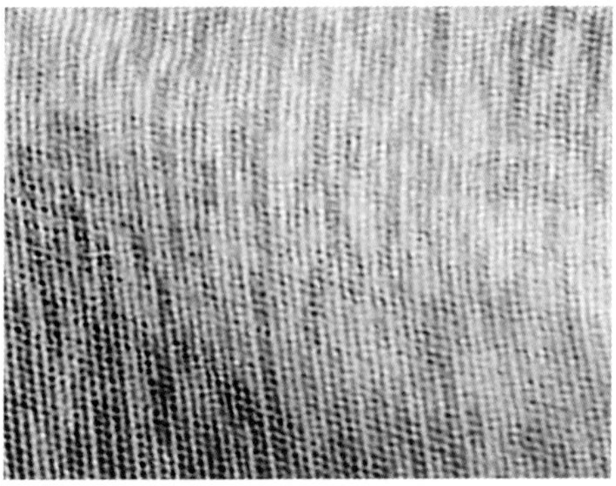

图 3-41　一种麻纱

图 3-42　一种罗布

8. 罗布

罗布布面有明显的罗纹条子，条子两侧有分布均匀的小孔，与丝织物“杭罗”外观相似，故名罗布(图 3-42)。罗布采用平纹变化组织，小孔是由穿筘控制形成(每条罗纹的经纱必须集中穿入筘齿)，根据经纬纱线密度和经纬向密度不同，有香港罗、上海罗、青年罗等品种。

二、 斜纹织物

斜纹织物是指采用斜纹组织或斜纹变化组织织制的织物，织面表面有清晰的左斜或右斜纹路，与平纹织物相比较，交织点少，厚度增加，手感松软，弹性增加，抗皱性能提高。在纱线线密度、经纬向密度相同的条件下，它的耐磨性、坚牢度不及平纹织物。斜纹织物的光泽比平纹好，控制经纬纱线捻向和经纬向密度比值能使纹路清晰、饱满突出、均匀平直。下面介绍一些常见的斜纹织物品种。

1. 斜纹布

斜纹布(图 3-43)一般就是指纱斜纹布，经纬纱都采用单纱，组织为二上一下左斜纹，斜纹角度为 45°。斜纹布经纬纱细度接近，为 24.3～41.7 tex(24^S～14^S)，经密略高于纬密：经密 315～374 根/10 cm，纬密 196.5～275.5 根/10 cm，单位面积质量 150～180 g/m^2，正面斜纹纹路明显。斜纹布分粗斜纹布和细斜纹布两种，粗斜纹布用 32 tex 以上(18^S 以下)单纱作经、纬纱，织纹粗壮，手感厚实，质地坚牢，适宜制作运动服、工作服等；细斜纹布用 30 tex 以下(19^S 以上)单纱作经、纬纱，织纹细密，质地轻薄，手感柔软，适宜制作儿童服装、女罩衫等。

斜纹布也有线斜纹布和半线斜纹布，线斜纹布经纬纱都采用股线，半线斜纹布经纱采用股线，纬纱采用单纱，组织都是二上一下右斜纹。

一般来说，斜纹类织物，纱织物都是采用左斜纹，半线或线织物都是采用右斜纹。

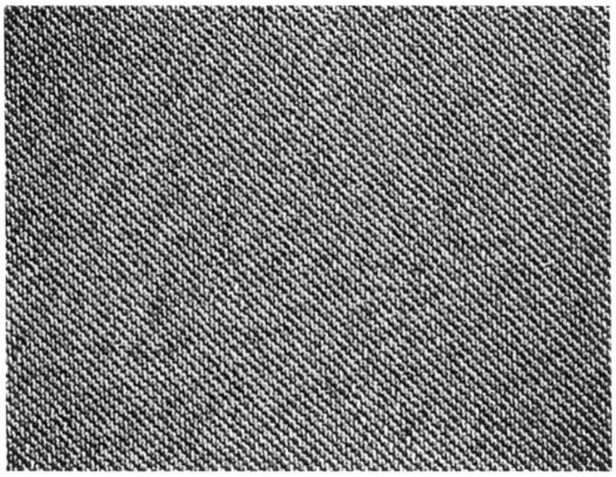

图 3-43　一种斜纹布

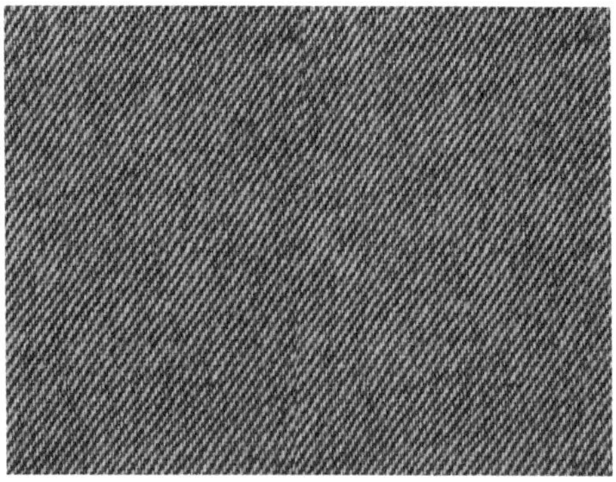

图 3-44　一种华达呢

2. 哔叽

哔叽原是毛织物的一个品种，移植的棉哔叽也称哔叽。哔叽的组织是二上二下斜纹，斜纹角度约 45°。经纬纱的线密度相同或相近，经密稍大于纬密，经纬向紧度之比 6∶5，经向紧度为 50%～70%，纬向紧度为 45%～55%。哔叽分为纱哔叽、线哔叽、半线哔叽，纱哔叽组织采用左斜纹，经纬纱常用 28～32 tex(21^S～18^S)单纱，经密为 310～340 根/10 cm，纬密为 220～250 根/10 cm，纱哔叽质地厚实，手感松软，常用于女装、童装等；线哔叽采用右斜纹，经纬纱常用 14 tex×2～18 tex×2(42^S/2～32^S/2)股线，半线哔叽纬纱为 28～36 tex(21^S～16^S)单纱，经密为 320～360 根/10 cm，纬密为 220～250 根/10 cm，线哔叽布面光洁，质地结实，手感柔软，可用于棉衣、外套等衣料。

3. 华达呢

棉华达呢(图 3-44)是以棉纱线为原料，仿效毛华达呢风格织制的，棉华达呢也称为华达呢。华达呢的组织是二上二下斜纹，斜纹角度约 63°。经密大于纬密，经纬向紧度之比约 2∶1(经向紧度为 75%～95%，纬向紧度为 45%～55%)。华达呢分为纱华达呢、线华达呢、半线华达呢，常规产品以半线华达呢居多。半线华达呢原料一般为棉纱或涤黏等混纺纱线，经纱线密度为 14 tex×2～18 tex×2(42^S/2～32^S/2)，纬纱线密度为 28～36 tex(21^S～16^S)，经密为 401.5～488 根/10 cm，经密为 204.5～259.5 根/10 cm。华达呢斜纹清晰，质地厚实，挺而不硬且耐磨，颜色以藏青、元色、灰色等为主，常用于春秋装、制服、夹克、西裤等。

4. 卡其

卡其是高紧密度斜纹棉织物，卡其最初用于军服，颜色类似泥土色。

卡其品种规格较多，按纱线结构可分为纱卡其、线卡其、半线卡其；按组织结构可分为单面卡其、双面卡其、人字卡其、缎纹卡其等。卡其可用于制服、工作服、夹克、风衣、西裤等服装，特细卡其还能用于衬衫服装。

(1) 纱卡其

纱卡其的经纬纱一般使用线密度为 28～58 tex(21^S～10^S)的单纱(经纬纱细度相同或经细纬粗)。组织一般为三上一下左斜纹，正面斜纹清晰，反面模糊，属于单面卡其。纱卡其要求总紧度要达到 85%以上，常见产品经纬向紧度配置为 1.7∶1，经向紧度为 72%～95%，纬向紧度为 44%～62%。

(2) 半线卡其

半线卡其的经纱常用 14 tex×2(42^S/2)、16 tex×2(36^S/2)、19.5 tex×2(30^S/2)的股线，纬纱

可用与经纱相同粗细或稍粗的单纱。组织一般为三上一下右斜纹，正面斜纹清晰，反面模糊，属于单面卡其。半线卡其要求总紧度要达到 90%以上，经密高于纬密，常见产品经纬向紧度配置为 1.9∶1，经向紧度为 90%～114%，纬向紧度为 45%～56%。

也有二上二下右斜纹的半线卡其，正反面纹路都很清晰，属于双面卡其。

(3) 线卡其

线卡其的经纬纱常用 14 tex×2(42^S/2)、J9.5 tex×2(60^S/2)、7.5 tex×2(80^S/2)的股线。组织一般为二上二下右斜纹，正反面纹路都很清晰，属于双面卡其。线卡其要求总紧度要达到 90%以上，高经密，低纬密，常见产品经纬向紧度配置为 1.8∶1，经向紧度为 92%～106%，纬向紧度为 49%～57%。

人字卡其是采用斜纹变化组织，在一个完全织纹内形成一半向右另一半向左的斜纹线，布面呈现人字形外观效应的卡其。

缎纹卡其是用急斜纹组织织制的卡其，布面纹路粗壮，布身厚实柔软，布面经纱浮线长而连贯，外观类似缎纹织物。

三、缎纹织物

缎纹织物是采用缎纹组织或缎纹变化组织织制的织物，布面几乎全部由经纱或纬纱覆盖，表面似有斜线，平滑光亮弹性好，质地厚实柔软。由于浮长线较长，容易磨损，强度不如平纹织物和斜纹织物。

缎纹织物习惯上称为贡缎，经面缎纹称为直贡，纬面缎纹称为横贡。厚的贡缎具有毛织物的外观效应，薄的贡缎具有绸缎的外观效应。

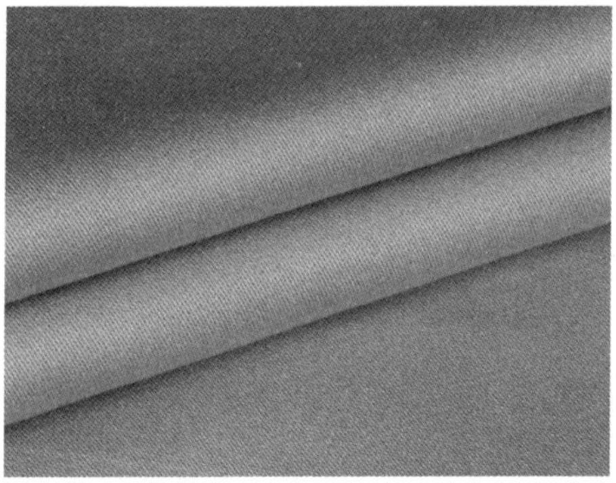

图 3-45　一种直贡面料

1. 直贡

直贡是经面缎纹组织织制的织物(图 3-45)，通常采用五枚经面缎纹组织，也有用八枚缎纹的，分为纱直贡和半线直贡。经纬纱一般选用中特、细特纯棉纱，经纬纱细度相同或经纱细于纬纱，经纬向紧度比配置大约为 3∶2，经向紧度为 65%～100%，纬向紧度为 45%～55%。直贡一般要求缎纹斜线清晰，五枚三飞组织点纹路为左斜，经纱 Z 捻向，缎纹斜线清晰；而五枚二飞组织点纹路为右斜，经纱 Z 捻向，光泽均匀，斜向纹路不清晰。直贡常用于外衣服装。

(1) 纱直贡

纱直贡是指经纬线都采用单纱的直贡，经纬纱细度为 7.5 tex～58 tex(80^S～10^S)(常用 28 tex)，组织为五枚三飞经面缎纹，经密为 370～500 根/10 cm，纬密为 228～314.5 根/10 cm。

纱直贡中有一个品种叫羽绸，纯棉织物，质地紧密，薄而柔软，色泽乌黑光亮，布面风格类似绸缎。经纬纱采用细度 18.2 tex(32^S)的单纱，经密为 456 根/10 cm，纬密为 314.5 根/10 cm。

(2) 半线直贡

半线直贡的经纱用的是股线，纬纱用的是单纱，质地厚实，布面光洁，纹路斜线清晰。经纱采用 13.8 tex×2(42^S/2)股线，纬纱为 28 tex(21^S)单纱，经密为 350～370 根/10 cm，纬密为 240～271.5 根/10 cm。

2. 横贡

横贡是纬面缎纹组织织制的纯棉织物(图3-46)。横贡通常采用五枚二飞或五枚三飞纬面缎纹组织,横贡多用纯棉精梳纱织制,大多产品经纬纱细度相同,一般为J14.6 tex(J40^S),纬密高于经密,经纬向紧度比配置大约为2∶3,经向紧度为45%～55%,纬向紧度为65%～80%。横贡织物表面主要以纬浮长覆盖,手感柔软,富有光泽,具有丝绸中缎类的风格,故又称横贡缎。横贡常用作女装、童装面料。

图3-46　一种横贡面料

四、绒类面料

1. 绒布

绒布是表面具有蓬松绒毛的织物,绒布可分为单面绒布和双面绒布。绒布的经纱一般用正常捻度的中特纱,纬纱用捻度较低的粗特纱(捻系数265～295),纬纱中的部分纤维头端能被拉绒机从纱线中拉出,从而形成绒毛。绒布布身柔软,穿着贴体舒适,保暖性好。可用于制作婴幼儿服装、内衣、睡衣及冬令服装。

(1) 单面绒布

单面绒布又称为哔叽绒(图3-47),一般是正面印花,反面拉绒。大多采用二上二下右斜纹,经纬纱线密度之比配置为1∶1.5～1∶2.0,经纱常用28 tex(21^S)、24 tex(24^S)、18 tex(32^S)的单纱,纬纱常用42 tex(14^S)、45 tex(13^S)的单纱。经密为251.5～291根/10 cm,纬密为228～283根/10 cm,经向紧度为40%～50%,纬向紧度为50%～70%,经纬向紧度之比配置为1∶1.3。

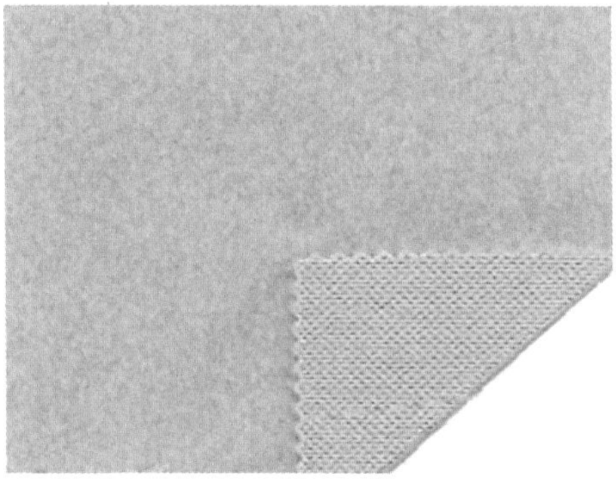

图3-47　单面绒布

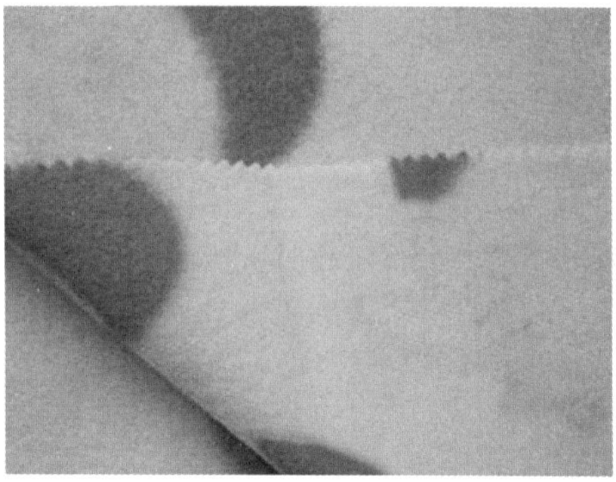

图3-48　双面绒布

(2) 双面绒布

双面绒布正反面都有绒毛(图3-48),一般采用平纹组织,经纬纱线密度之比配置约为1∶2,经纱常用24～29 tex(24^S～20^S)的单纱,纬纱常用45～58 tex(13^S～10^S)的单纱。常见产品经密为155～195根/10 cm,纬密为165～180根/10 cm,经向紧度为30%～40%,纬向紧度为40%～55%,经纬向紧度之比配置为1∶1.4。

(3) 厚绒布

厚绒布使用的纬纱在58 tex(10^S)以上,一般采用平纹组织,经纬纱线密度之比配置约为1∶4,经纱常用28～29 tex(21^S～20^S),纬纱常用96～144 tex(6^S～4^S)。

常见产品经纬向紧度之比配置为 1∶1.85，经密为 155～175 根/10 cm，纬密为 135～165 根/10 cm。经向紧度为 30%～35%，纬向紧度为 50%～70%。

此外，还有斜绒布，采用的是二上一下斜纹组织，可以用作衬衣衬裤等。

2. 灯芯绒

灯芯绒(图 3-49)由一组经纱和二组纬纱织成，一组纬纱(地纬)与经纱交织成固结绒毛的地布，另一组纬纱(绒纬)与经纱交织构成有规律的浮纬，然后割断或拉断纬浮长线，整理后形成条形绒毛。

图 3-49 灯芯绒

灯芯绒的结构复杂，如图 3-50 所示，1、2 为地纬，a、b 为绒纬。地纬 1、2 与经纱以平纹组织交织形成地布，在一根地纬织入后，织入两根绒纬 a、b，绒纬的浮长为 5 个经组织点。第 5、6 两根经纱与绒纬交织并分别浮于绒纬 a、b 之上称为压绒经。绒纬与压绒经交织处称为绒根。割绒时，在第 2、3 两根经纱之间进刀把绒纬割断，经刷绒整理后，绒毛耸立成中央高两侧低呈圆弧状排列的绒条。

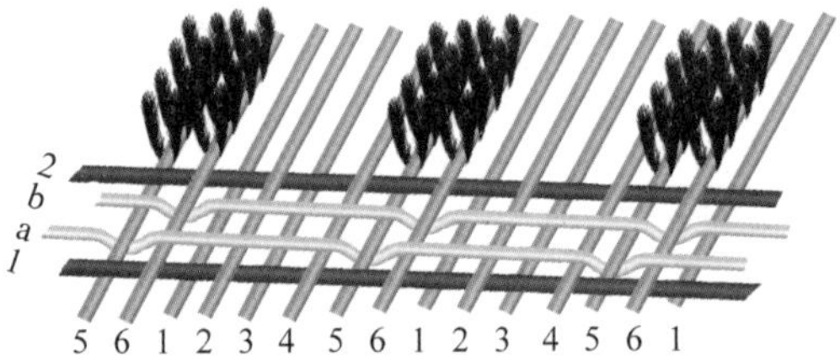

图 3-50 灯芯绒结构示意图

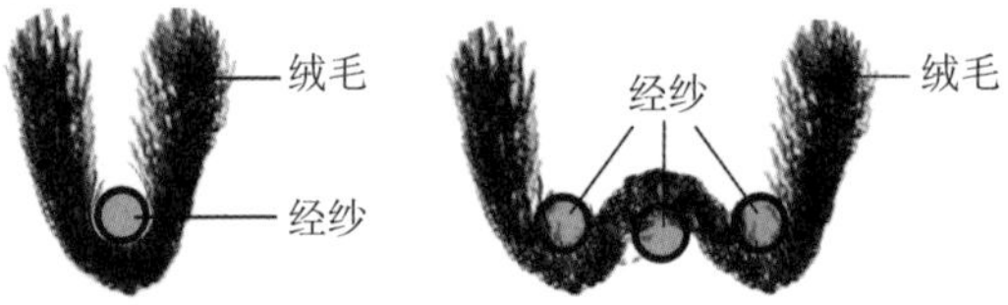

图 3-51 灯芯绒的固结方式

常用的地组织有平纹、斜纹和纬重平等，绒毛固结方法有 V 型和 W 型(图 3-51)，地纬与绒纬的排列比通常为 1∶2 或 1∶3。一般灯芯绒织物经纬向紧度之比配置为 1∶2.2～3.5，经向紧度为 45%～60%，纬向紧度为 105%～180%。

灯芯绒的规格一般以 1 in(2.54 cm)内的绒条数表示，按绒条宽窄不同，可分为特细条、细条、中条、粗条等类别。一般来说，19 条及以上的为特细条，14～18 条的为细条，9～13 条的为中条，8 条及以下的为粗条(3～5 条的也称为阔条，3 条以下的也称为特阔条)。此外，还有粗细混合间隔条，它是指粗细不同的条型合并或部分绒条不割、偏割而形成绒条。

在组织相同的条件下，经密增加，则毛绒短而固结坚牢，织物手感较硬。反之经密小时，则毛绒长而松散，坚牢度差，手感较软。

灯芯绒质地厚实，保暖性好，光泽柔和，手感柔软舒适，适合用作秋冬季服装衣料。

3. 平绒

平绒织物的表面具有稠密均匀、整齐耸立的绒毛，它是采用起绒组织织制再经割绒整理得到的。平绒织物绒毛丰满平整，质地厚实，手感柔软，光泽柔和，耐磨耐用，保暖性好，富有弹性，不易起皱。平绒洗涤时不宜用力搓洗，以免影响绒毛的丰满、平整。

根据起绒纱线不同，分为纬平绒和经平绒。

（1）纬平绒

纬平绒的结构与灯芯绒相似，也是由一组经纱与两组纬纱（地纬和绒纬）交织，绒纬割断后形成的均匀平整的绒毛织物（图 3-52）。纬平绒的绒纬组织点均匀排列，经浮点彼此错开，纬密比灯芯绒大，绒毛紧密。

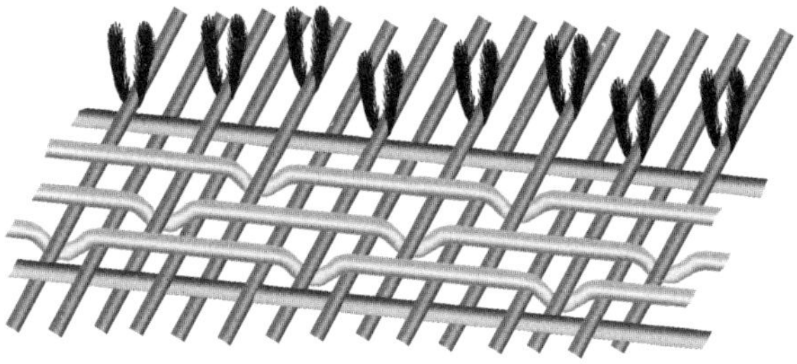

图 3-52　纬平绒结构示意图

纬平绒的经纱常用强度较高的精梳股线，纬纱用与经纱相同或略粗的单纱。平纹地组织纬平绒，质地紧密厚实，斜纹地组织纬平绒质地比较柔软。绒毛固结一般用 V 型固结法，地纬与绒纬的排列比为 1∶3，经向紧度为 55%～65%，纬向紧度为 160%～220%。纬平绒常用于冬季罩衣、夹袄、马甲、短外套等服装。

（2）经平绒

经平绒是经纱起绒织物，它由两组经纱（地经和绒经）和一组纬纱交织成双层组织的织物，经割绒后成为两幅有平整绒毛的单层经平绒（图 3-53）。

图 3-53　经平绒结构示意图

通常，经平绒的地经用捻度较高的精梳股线，绒经用捻度较低的精梳单纱或股线，纬纱用普梳单纱。经平绒地组织一般采用平纹，绒经固结一般用 V 型固结法，绒经与地经的排列比为 1∶2，经向紧度为 65%～75%，纬向紧度为 50%～70%。经平绒的绒毛较长，常用于火车坐垫、沙发面料等，服装也有用经过丝光的经平绒作衣料的。

五、绉类风格面料

1. 绉布

绉布是表面具有纵向均匀皱纹的薄型平纹（提花）棉织物，又称绉纱（图 3-54）。

绉布用普通经纱与高捻度纬纱交织，织物在染整处理后纬向收缩，从而形成的均匀的布面皱纹。纬向还可利用强捻纱与普通纱交替织入，就能得到人字形皱纹的绉布。

绉布经纬纱通常采用纯棉和涤棉混纺纱线，经纬纱细度相同或经纱略细，纯棉产品经纱细度为 13.8～20.8 tex(42^S～28^S)，纬纱细度为 18.2～27.8 tex(32^S～21^S)，涤棉产品经纱细度为 9～14.5 tex(65^S～40^S)，纬纱细度为 13～16.5 tex(45^S～35^S)，经向紧度为 25%～35%，纬向紧度为 22%～30%。

绉布质地轻薄，绉纹持久，手感挺爽柔软，纬向具有较好的弹性，适宜制作衫裙、睡衣裤、浴衣等。

图 3-54　一种绉布

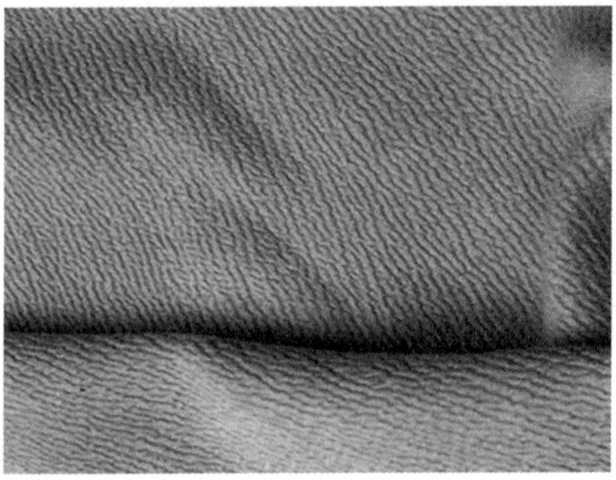

图 3-55　一种绉纹布

2. 绉纹布

绉纹布是一种布面呈现凹凸不平类似胡桃外壳皱纹效应的织物，又称绉纹呢或胡桃呢(图 3-55)。绉纹布采用两种或两种以上的绉组织(原组织或变化组织)按一定方式联合，使织物表面产生绉效应。

经纬纱常用 27.8 tex(21^S)棉纱，常用经纬密度为 318.5×291(根/10 cm)、338.5×236(根/10 cm)等。经向紧度约为 65%，纬向紧度约为 50%。

绉纹布手感柔软，外观厚实，适宜用作童装、运动装及女装面料。

3. 树皮绉

树皮绉是采用“树皮绉”绉组织织制的具有纵向均匀绉纹的织物(图 3-56)。树皮绉表面凹凸不平，纹路清晰，层次分明，立体感很强，很像树皮，手感柔软、吸湿透气，常用于春秋夏衬衫、裤子、裙子等服装。

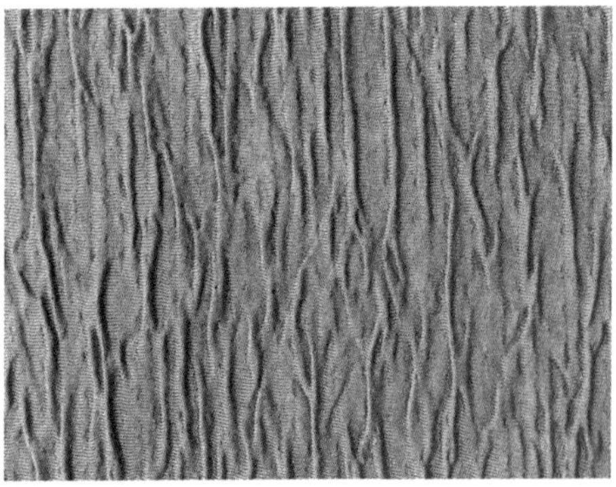

图 3-56　一种树皮绉

图 3-57　一种褶皱布

4. 褶皱布

褶皱布是通过褶皱整理加工使织物表面具有皱纹的织物(图 3-57)。褶皱布的皱纹相似却不相同,分布均匀却无规律,自然和谐。主要品种有纯棉、涤棉混纺和涤纶长丝等褶皱布。

5. 轧纹布

轧纹布是用轧纹机轧压出具有凹凸花纹的布料(图 3-58)。

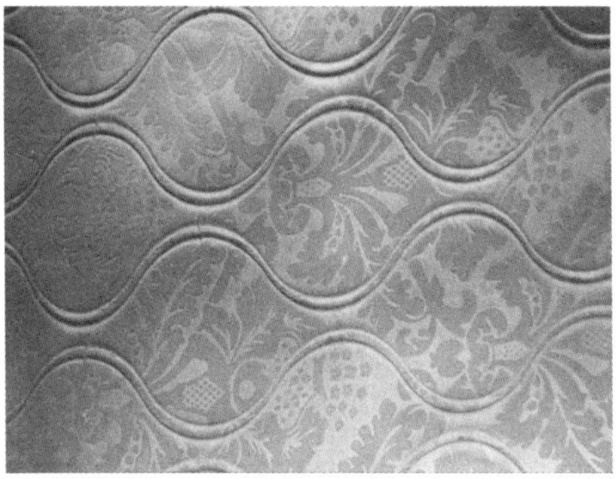

图 3-58　一种轧纹布

轧纹机有一对轧辊,上轧辊是表面有凸纹花形钢辊,下轧辊表面有对应的凹纹花形的纤维辊筒。轧压前先把印染棉布浸轧树脂溶液并预烘,再用轧纹机轧压,最后焙烘固着树脂,这样布面就具有了凹凸花纹。轧纹布又称凹凸轧花布、浮雕印花布,花纹富于立体感,有一定的耐洗性,穿着挺爽舒适,宜作夏季衬衫、衣裙等。

轧纹机如果在轧压同时印以涂料,可产生着色轧纹效果。

轧纹机上轧辊采用滚筒印花铜辊刻成凹纹花形,下轧辊采用光面橡胶辊筒或纤维辊筒,轧出的花纹凹凸程度较浅,这种轧纹布称为拷花布。

轧纹布除棉布外,也有涤纶、涤/棉混纺织物等。由于合成纤维经高温处理具有定形作用,所以轧出的花纹比纯棉布更为耐洗持久。

6. 华夫格

华夫格是采用蜂巢组织织制的、布面具有凹凸方格的棉织物(图 3-59)。华夫格面料花纹别致,手感柔软,吸湿透气,弹性良好,常用于浴袍、睡衣、T 恤等服装。

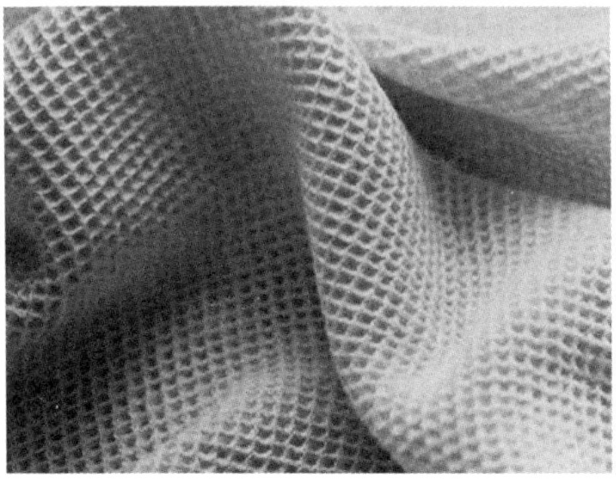

图 3-59　一种华夫格

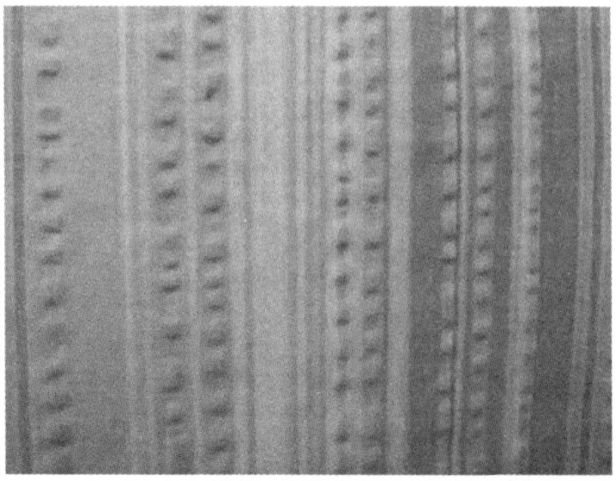

图 3-60　一种泡泡纱

7. 泡泡纱

泡泡纱是布面呈现均匀密布凸凹不平的小泡泡的薄型棉织物(图 3-60),可分为织造泡泡纱、碱缩泡泡纱。

织造泡泡纱是采用地经和起泡经两只不同的经轴,起泡纱纱支较粗,送经速度比地经快约30%,织出的坯布就会形成凹凸状的泡泡。产品一般为彩条泡泡纱,有全棉的,也有纯化纤或化纤混纺的。

碱缩泡泡纱是利用棉纤维受到浓烧碱作用产生收缩的特性,用印花的方法把浓碱液印在布料上,有碱液的地方发生收缩,没有碱液的地方不收缩,布面就形成了凹凸状的泡泡。碱缩泡泡纱耐久性差,随着洗涤次数的增加,会逐渐消失。

泡泡沙布面富有立体感,穿着不贴身,透气舒适,适宜用作夏季童装、女衫、衣裙、睡衣等。

六、色织布类面料

色织布是用染色的纱线织成的织物。经纱和纬纱中都采用染色或部分染色的纱线,叫全色织,只有经纱(或纬纱)采用染色或部分染色的纱线,叫半色织。色织物最初是纯棉低档产品,随着原料的发展变化和产品工艺技术的改进,色织物档次得到提升,品种也日益丰富,有平纹色织布、色织府绸、色织格花呢、牛津布、青年布、牛仔布、还有色织卡其、斜纹布、人字呢、华达呢、贡缎、小提花、大提花布等。相比印染布,色织布具有色彩丰富、立体感强、色牢度高等特点。

1. 条格布

条格布是色织物中的大路品种,经纬纱用两种或两种以上的颜色间隔排列,花型多为条子或格子,故称条格布(图 3-61)。

图 3-61 条子布和格子布

条格布组织大多采用平纹,也有用斜纹、小提花、蜂巢、纱罗等组织,有纯棉、涤/棉、棉/维、富纤等品种。条格布布面平整,质地轻薄,条格清晰,配色协调,花色明朗,主要用于夏令衣衫、内衣裤、里子布等。

2. 色织府绸

色织府绸织物表面光洁平坦,手感柔软、挺滑、薄爽、花型清楚细巧,具有绸型感风格。织物通常以平纹组织为主,配以提花组织。色织府绸经向紧度为 52%～68%,纬向紧度为 37%～43%,比原色白府绸要低,粒纹清楚及饱满匀整的程度比原色府绸差。

色织府绸常见品种有色织纯棉全纱府绸、色织纯棉精梳高支府绸、色织纯棉高支壁织府绸

(具有管装横条的府绸)、色织半线府绸、涤棉提花府绸、涤棉纬丝府绸等。

3. 线呢

线呢属于传统的仿毛棉织物,质地厚实,坚牢耐穿,主要以涤棉、涤黏、涤腈等化纤混纺织物为主,纯棉线呢已经较少。

(1) 女线呢

女线呢是用有色纱线织制的具有呢绒风格的棉织物,主要用于女装,故称为女线呢。女线呢有全线、半线、全纱三类。

女线呢的织物组织范围广泛,通常在平纹或绉地上形成条格及各种起花,有绉花呢、格花呢、经花呢、提花呢等。以平纹绉纹为基础地纹,经纬纱中除色纱外采用不同比例的花式捻线为主织成的织物,叫绉花呢;以平纹绉纹为基础组织,结合缎纹的纵向或横向与有色纱线相互交织形成条子或格子的各种仿毛呢织物,叫格花呢;应用特别经线在普通织机上制织而成的各种纵向起花织物,叫经花呢;以色线及多色花线结合,利用组织变化达到经纬向有各种提花的织物,叫提花呢。

(2) 男线呢

男线呢是用中特纱线织制的色织棉布,主要用于男装,故名男线呢,也称为袍料(曾是男子长袍的面料)。

男线呢多用二上二下斜纹或变化斜纹组织,有全线呢和半线呢,花色主要以条子仿毛花呢为主,也有素色产品。男线呢质地坚牢,手感厚实,保暖性好,常用于春秋冬季外衣服装。

4. 二二元叽

二二元叽是采用二上二下斜纹组织织制的黑色哔叽,早期产品为幅宽二尺二寸,故名二二元叽。有全线和半线产品,曾是布鞋的主要面料。

5. 二六元贡

二六元贡是用元色丝光棉纱线织制的变化斜纹贡呢织物,早期的产品幅宽为二尺六寸,故名二六元贡,也称礼服呢(20 世纪初北方用于外套礼服)。二六元贡的经纱为 13.8 tex×2(42^S/2),纬纱为 27.8 tex(21^S)。二六元贡有丝绸光泽,乌黑略带青光,斜纹纹路清晰,布面光洁平整,布身紧密厚实,常用于男女外套、大衣等的衣料。

6. 牛仔布

牛仔布是较粗厚的色织经面斜纹棉布,又称劳动布(图 3-62)。起源于 1873 年美国的德国移民,把这种色织布做成带有铜铆钉的裤子,坚固耐磨,深得当时美国西部淘金工和放牛仔喜爱。牛仔布经纱颜色深,一般为靛蓝色;纬纱颜色浅,一般为浅灰或本白色。牛仔布一般采用三上一下左斜纹组织,也有采用变化斜纹、平纹或绉组织的。牛仔布可分重磅(456～492 g/m^2 以上)、中磅(305～373 g/m^2)和轻磅(152～238 g/m^2)三类。

图 3-62 牛仔布

牛仔布品种较多,按原料有氨纶弹力牛仔布、涤棉混纺雪花牛仔布、中长纤维牛仔布、彩条牛仔布等,按水洗方法有普洗、石洗/石磨、砂洗、破坏洗、雪花洗、猫须、喷沙及喷马骝等。牛仔布缩水率在 5%左右,洗涤时要防止沾色。牛仔布结构紧密,结实耐穿,常用于工作服、防护服、青年衣裤等。

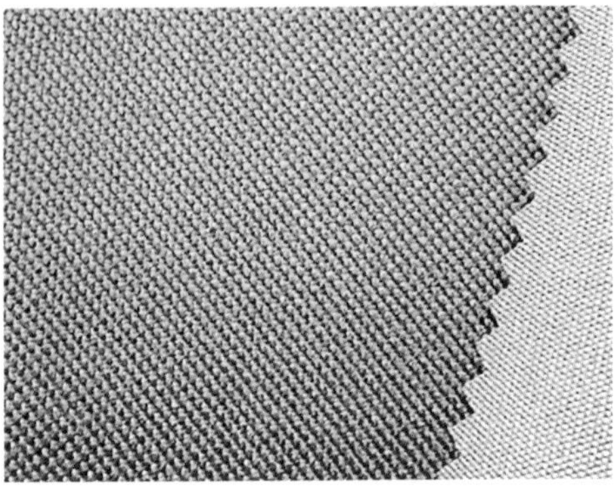

图 3-63　牛津布

7. 牛津纺

牛津纺也叫牛津布(图 3-63),最初用于牛津大学的学生服。一般选用较细的精梳棉纱,高档的牛津纺采用优质长绒棉细特纱线织制,也有用涤棉混纺纱织制的牛津纺。

常见产品是用较细的精梳棉纱和较粗的纬纱以纬重平组织交织而成,牛津纺花色有素色、漂白、色经白纬、色经色纬、中浅色条形花纹等品种,牛津纺织纹颗粒丰满,色泽柔和淡雅,手感柔软滑爽,挺括透气,穿着舒适,多用作衬衣、运动服和睡衣等。

此外,也有染色牛津纺,外观具有色织牛津纺的色织效应。

8. 青年布

青年布是用单色经纱和漂白纬纱,以平纹组织交织而成的棉织物。始于 20 世纪 50 年代末,布面呈现双色效应,最初具有粗犷的乡土气息。后期的树脂整理,赋予青年布持久的抗皱免烫性能,布身挺括,弹性良好,质地轻薄,滑爽柔软,可用作衬衫面料等。

七、其它风格面料

1. 烂花布

烂花布是表面具有半透明花形图案的轻薄混纺织物(图 3-64)。它的经纬纱线用耐酸的合成纤维(长丝或短纤)与不耐酸的棉或黏胶等纤维制成包芯纱或混纺纱线,用印花的方法将酸施加在花形图案上烂去棉或黏胶等不耐酸的纤维,只剩下耐酸的合成纤维,织物花形部分变薄,呈现半透明状的花形图案。产品有包芯纱烂花布、混纺纱烂花布等。烂花布可用于衬衣、裙料等服装。

图 3-64　一种烂花布

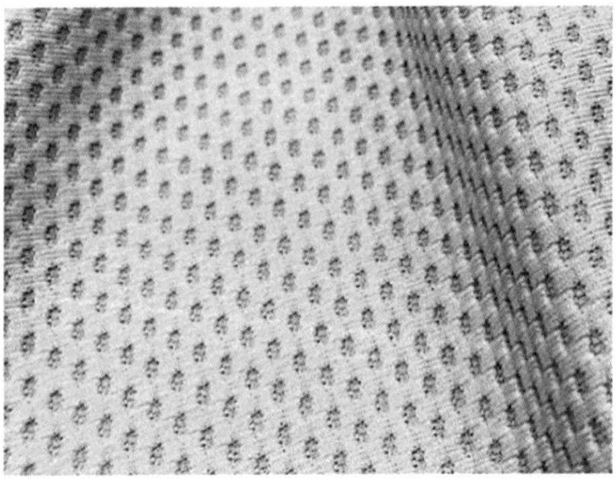

图 3-65　猫眼布

2. 猫眼布

猫眼布是采用中低特棉纱织制的,外观具有点状突起的花纹的织物,花纹似猫眼,因而称为猫眼布(图 3-65)。经纬纱若用氨纶包芯纱,则具有弹性,称为弹力猫眼布。猫眼布外观风格粗犷,布身厚实,适宜用作休闲服装面料等。

3. 水洗布

水洗布是经过染整水洗工艺处理的织物(图 3-66),光泽柔和,手感柔软,表面有轻微的皱纹和几分旧感,美观大方,尺寸稳定,缩水率很小,适宜用作外衣、套装、衬衫、裤子、睡衣等。

图 3-66　一种水洗布

图 3-67　一种满天星布料

4. 满天星

满天星织物一般采用低支纱织制的高经密、低纬密的布面有星星状颗粒织物(图 3-67)。满天星质地厚实坚挺,适宜用作休闲服装面料等。

5. 竹节布

经或纬或经纬用竹节纱织制的织物称为竹节布(图 3-68)。布面呈现不规则分布的竹节,具有类似麻织物的外观风格特征。

图 3-68　竹节布

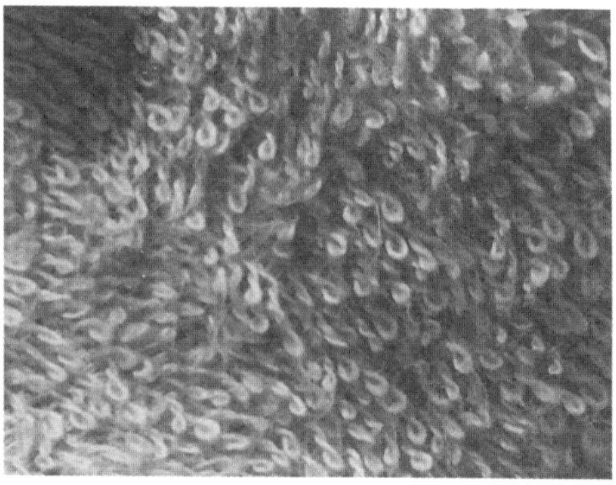

图 3-69　毛巾布

6. 毛巾布

毛巾布是采用毛巾组织织制的表面具有毛圈的织物(图 3-69)。毛巾组织有地经和毛经两个系统的经纱,地经和纬纱交织形成底布,毛经与纬纱交织构成毛圈。产品有单面毛巾布、双面毛巾布、提花毛巾布等。毛巾布质地厚实柔软,保暖性好,吸水储水能力强,常用于春末或初秋的长袖短袖衫、打底衫、睡衣、婴儿衣服、卫衣里料等。

还有一种吸水性能较强的织物叫海绵布,它是采用蜂巢组织织制的具有较大吸水特性的织物,衣用海绵布原料主要是棉、毛、丝等。

7. 细帆布

帆布是一种较粗厚的棉织物或麻织物,因最初用于船帆而得名。一般采用平纹组织,也有用纬重平组织、斜纹组织，经纬纱均用多股线。帆布通常分细帆布和粗帆布两大类。服装上使用的是细帆布，细帆布经纬纱一般为 58 tex×2($10^S/2$)～28 tex×6($21^S/6$)股线，细帆布质地结实，布身细洁平整，坚固耐磨，可用于制作劳动保护服装等。

粗帆布又称蓬盖布，防水性能良好，用于运输和仓储。

8. 巴拿马

巴拿马是译名，原为法国生产的棉经、毛纬交织物。棉型巴拿马分厚型、中型、薄型三种，厚型巴拿马采用平纹组织，中型和薄型采用二上二下方平组织。经纬纱线一般用涤麻、涤黏、涤腈等中长纤维混纺股线，厚型的用粗细不同的单纱并捻(特数之比约为 4∶1)，中型薄型的用相同特数的单纱(约 18 tex)并捻。经纬向密度，股线特数高的密度低，特数低的密度高。

棉型巴拿马质地厚实，风格粗犷，透气耐磨，适宜制作西服、夹克、裤子等。

9. 印经布

印经布是先在经纱上印花，然后与纬纱交织形成的一种织物。布面呈现似花非花、若隐若现的图案效果。常见产品经纱采用中特、粗特棉纱线作经纬纱，组织采用平纹或联合组织小提花，也有多纬色织物，可用作夏季衫裙面料等。

第四节　毛　织　物

毛织物又称呢绒，是指用羊毛或其他动物毛纤维以及毛型化学纤维纯纺、混纺或交织形成的机织物，包括精纺毛织物和粗纺毛织物两类。按纤维原料可分为纯毛、混纺、纯化纤三大类。

一、精纺毛织物

精纺毛织物是采用精梳毛纱线织制的。精梳毛纱线细度较细，羊毛原料品质好，纺纱工艺流程长，毛纱中纤维排列整齐，外观光洁，结构紧密强力好。精纺毛织物呢面洁净，织纹清晰，手感滑糯，富有弹性。精纺毛织物经纬纱以股线为主，也有股经纱纬，很少有纱经纱纬产品，精纺毛织物单位面积质量一般为 100～380 g/m^2。

精纺毛织物品种多，风格各异，主要有凡立丁、派力司、哔叽、华达呢、啥味呢、马裤呢、巧克丁、女衣呢、各种花呢等。

1. 凡立丁

凡立丁用精梳毛纱织制的轻薄型平纹毛织物(图 3-70)，以全毛为主，也有涤毛、纯化纤产品。经纬纱都用双股线，线密度通常为 16.7 tex×2～20.8 tex×2，纱线捻度较高，单位面积为 170～200 g/m^2。

凡立丁呢面光洁平整，光泽柔和，织纹清晰，手感滑爽挺刮，透气性好。产品以中浅色为主，颜色朴素大方，也有少量黑色、藏青、漂白以及其他杂色。常用于夏季上衣、西裤、裙子等。

图 3-70　凡立丁

2. 派力司

派力司是布面呈现纵横交错的隐约线状细纹的平纹混色毛织物(图 3-71)。纺纱前,先把部分毛条染上较深的颜色,再加白毛条或浅色毛条相混合形成混色毛条,再纺成混色纱线织成混色毛织物。由于深色毛纤维分布不匀,在浅色面上呈现不规则的深色雨丝纹,形成派力司独特的混色风格。

图 3-71 一种派力司

派力司以混色中灰、浅灰和浅米色为主色,有全毛、毛涤、纯化纤派力司等。派力司的经纱通常用 14.3×2～16.7 tex×2 的股线,纬纱通常用 22.2～25 tex 的单纱,派力司比凡立丁轻薄,单位面积质量一般为 140～160 g/m^2。

派力司表面光洁平整,手感滑爽挺刮,弹性好,常用于夏季西裤、套装等。

3. 鲍别林

鲍别林类似于棉织物的府绸,是一种紧密的精纺平纹薄型毛织物。鲍别林的经纬纱线较细,一般用股线,细度在 16.7 tex×2 以下,纬纱也可用单纱,细度一般在 22.2～27.8 tex,经纱密度约为纬纱密度的 1 倍,单位面积质量一般为 190～210 g/m^2。

鲍别林织物平整光洁,织纹清晰,表面呈现明显的菱形颗粒,手感紧密,滑挺结实,弹性良好,质地坚牢,并有一定的拒水性。常用于外衣、风衣、女罩衫、裙子等。

4. 哔叽

哔叽是用精梳毛纱织制的一种素色斜纹毛织物。组织常用二上二下左斜纹,斜纹角度 45°,按原料可分为全毛哔叽(包括粗毛哔叽和细毛哔叽)、毛混纺哔叽、纯化纤哔叽等三类,现在也有用变形涤纶长丝织制的哔叽。哔叽一般都用细度相近的股线作经纬纱线,细度为 12.5 tex×2～33.3 tex×2,少数品种也有采用线经纱纬的。哔叽经密略大于纬密,单位面积质量为 140～340 g/m^2。

哔叽呢面光洁平整,纹路清晰,手感丰糯柔软,质地紧密适中,悬垂性好,哔叽的素色以藏青色为主,也有漂白或浅色的,常用于学生服、制服、套装以及裙子等。

5. 啥味

啥味是一种中厚型精纺斜纹混色呢面毛织物(图 3-72),也称为啥味呢、精纺法兰绒。啥味以黑白夹灰色为主,啥味与哔叽的主要区别就是啥味是混色的,哔叽是单色的。啥味有全毛、丝毛、涤黏等品种。

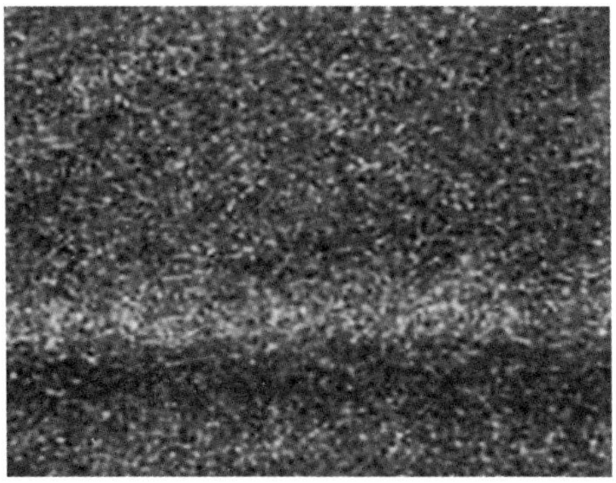

图 3-72 一种啥味呢

啥味常用二上二下斜纹,也有用二上一下斜纹的,斜路角度约 45°。经纬纱常用 16.7 tex×2～27.8 tex×2 股线(也有用单纱的),纱线捻度比哔叽略低,单位面积质量为 220～320 g/m^2。

啥味呢面平整,混色均匀,呢面纹路若隐若现,手感柔软丰满有身骨,弹性良好,常用于裤料和春秋季便装。

另外，啥味也有光面啥味的品种，呢面光洁平整，纹路清晰。

6. 华达呢

华达呢是用精梳毛纱织制的有一定防水性能的紧密斜纹毛织物，也被叫做轧别丁、新华呢。

华达呢采用的组织有三种，二上二下斜纹（用于双面华达呢），二上一下斜纹（用于单面华达呢），缎背（用于缎背华达呢）组织，斜纹角度约 63°。华达呢经纬纱一般采用股线（少有用单纱的），细度通常为 15.9 tex×2～20.8 tex×2，纬纱纱线的捻度要求略高。经密是纬密两倍，经密为 400～700 根/10 cm，纬密为 200～300 根/10 cm，华达呢单位面积质量为 250～600 g/m²，单面华达呢为 250～270 g/m²，缎背华达呢为 480～570 g/m²。

华达呢色泽多为素色，呢面平整光洁，纹路清晰细密，微微突起，手感挺刮厚实，色泽柔和。华达呢常用于西装、中山装、风衣、制服、便装等，单面华达呢可用于连衣裙等，缎背华达呢可用于裤子等。

7. 马裤呢

马裤呢是一种厚型急斜纹精纺毛织物。马裤呢采用急斜纹组织，斜纹角度约 63°～76°，马裤呢经纬纱一般用 16.7 tex×2～27.8 tex×2 股线，纬纱也有用 25～27.8 tex 单纱的，经纬密都较高，经密是纬密的 2 倍，单位面积质量为 340～400 g/m²。全毛马裤呢有经纬纱都用精纺毛纱的，也有经纱用精纺毛纱纬纱用粗纺毛纱的。

马裤呢呢面有粗壮的斜纹纹路，结构紧密，手感厚实有弹性，常用于冬季裤料、大衣、军服等。

图 3-73　巧克丁

8. 巧克丁

巧克丁是经密较高的外观呈现明显罗纹条的急斜纹毛织物（图 3-73）。条纹清晰突起，每两根斜条组成一组，组内条与条距离较小且沟纹较浅，组与组之间距离大且沟纹明显，如两根一组的罗纹。

巧克丁采用变化急斜纹组织，斜纹角度约 63°，经纱常用 16.7 tex×2～20 tex×2 的股线，纬纱常用 22.2 tex～33.3 tex 的单纱，少数品种也有使用股线作纬纱的。巧克丁单位面积质量为 270～320 g/m²。

巧克丁色泽素净，呢面光洁平整，有明显沟纹，常用于大衣、制服、夹克、风衣等。

9. 贡呢

贡呢是一种紧密细洁的中厚型缎纹精纺毛织物。贡呢分为直贡和横贡，呢面呈现细斜纹，直贡斜纹角度约 63～76°，横贡斜纹角度约 14°，贡呢通常指直贡。

直贡呢组织以五枚加强缎纹为主，经纬纱常用 14.3 tex×2～20 tex×2 的股线，也有纬纱使用 22.2 tex～33.3 tex 单纱的，直贡经向密度较高，大约为纬向密度的 2 倍，单位面积质量为 270～350 g/m²。

贡呢织物紧密，纱线浮点长，光泽好，呢面平整，手感挺刮滑糯。贡呢的颜色通常为黑色、藏青、灰色等，黑色的贡呢也被称为礼服呢，常用于秋冬服装、礼服、套装、大衣等。

10. 色子贡

色子贡是一种表面具有细小的方形颗粒网纹的平素精纺毛织物，又称骰子贡。组织采用变化缎纹，经纬纱常用 17.9 tex×2～25 tex×2 的股线，单位面积质量为 250～320 g/m²。

色子贡紧密厚实，纹样细巧，平整光洁，弹性良好，常用于礼服、军服、套装等。

11. 驼丝锦

驼丝锦是一种紧密细洁的中厚型素色毛织物（图 3-74）。驼丝锦是英文 doeskin 的音译，原意为母鹿皮，比喻这种织物质地精美，外观和手感优良，与母鹿皮相似。

驼丝锦采用缎纹类组织，如五枚经面缎纹以及各种变化缎纹组织，表面呈现不连续的条状斜路纹，斜线间凹处狭细。驼丝锦可分为精纺驼丝锦、粗纺驼丝锦、精粗交织驼丝锦。精纺驼丝锦是属于高级毛织物，以黑色为主，也有藏青、白色、紫红等，黑色驼丝锦与黑色贡呢一样，也被称为礼服呢。

精纺驼丝锦经纱常用 12.5 tex×2～16.7 tex×2 的股线，纬纱常用 13.9 tex×2～20 tex×2 的股线，经密纬密都较高，单位面积质量为 280～360 g/m^2。

精纺驼丝锦质地紧密厚实，呢面平整，织纹细致，光泽好，手感柔滑有弹性，常用于礼服、猎装、套装等。

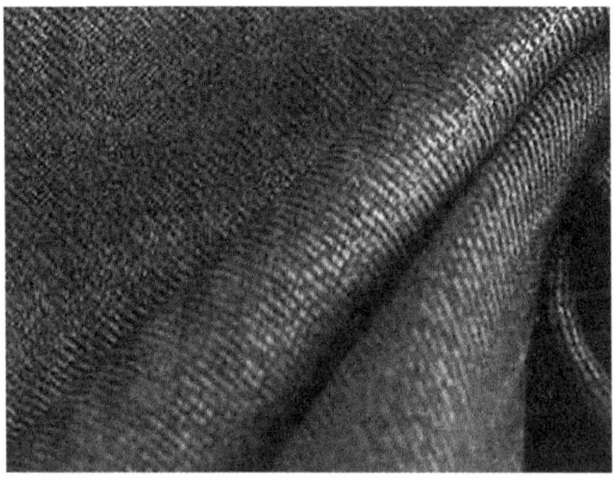

图 3-74　一种驼丝锦

图 3-75　一种纬绒呢

12. 纬绒呢

纬绒呢是一种毛纬纱起绒的毛织物（图 3-75），又称为纬起毛天鹅绒呢，可分为平素纬绒呢、花式纬绒呢和闪光纬绒呢。纬绒呢形成原理与棉织物纬平绒相似，起毛组织也是由一个系统的经纱和两个系统的纬纱（地纬和毛纬）构成，地纬与毛纬排列比为 1∶3～5，毛纬比例越大，毛丛越密集丰满。经纱和地纬一般采用 16.7 tex×2 或 33.3 tex 的棉纱、黏纤纱或腈纶纱等，毛纬采用精纺毛纱（也有用粗纺毛纱的），纬密大于经密，单位面积质量为 350～690 g/m^2。纬绒呢绒面密而平齐，常用于女装、艺装等。

13. 花呢

花呢是花式毛织物的统称，它是利用各种构作花样的方法（如不同的原料，不同的纱线细度、捻度、捻向，不同的纱线颜色，不同的经纬密度比，不同的组织变化，不同的染整工艺等），使织物外观呈现点子、条子、格子等各式花型。

按纺纱系统可分为精纺花呢、粗纺花呢、半精纺花呢、精粗交织花呢等。按单位面积重量分类可分为薄花呢（195 g/m^2 以下）、中厚花呢（195～315 g/m^2）、厚花呢（315 g/m^2 以上）。

产品名称一般按外观花样命名花呢品种，如素花呢、条花呢、格子花呢、海力蒙、板司呢等。

（1）条花呢

外观有明显条子的花式毛织物被称为条花呢，通常指利用色纱装饰所构成的条子花呢，并不泛指一切有条纹的花呢。装饰用的色纱被称为嵌线，材料有丝光棉纱、毛纱、绢丝、长丝等，它与地色组合，可得到许多不同风格的条纹，如交替条、双线条、铅笔条、粉笔条、网球条、针点条等。

条花呢的组织常用二上二下斜纹及斜纹变化组织，经纬纱选用 14.3 tex×2～33.3 tex×2 的股线，也有纬纱用单纱的产品，单位面积质量为 220～315 g/m^2。

条花呢呢面平整，弹性良好，常用于秋冬西装、套装、西裤等。

(2) 格子花呢

外观有明显格子的精纺中厚型花呢被称为格子花呢，与条花呢一样通常也是指利用色纱装饰所构成的格子花呢。格子呢花型配色有许多，如窗框格、犬牙格、牧人格、棋套格、格林格、威尔士格等。

格子花呢组织常用二上二下斜纹和二上二下方平组织，套装与便装常选用全毛纱线，裙装常选用毛混纺纱线，线密度常选用 16.7 tex×2～21.7 tex×2 的股线，单位面积质量为 200～315 g/m^2。

格子呢的格子种类多，风格各异，有的典雅大方，有的和谐含蓄，还有的新奇华丽，可根据服装设计与时尚流行进行选用，格子呢主要用于套装、便装、裙装等服装。

(3) 素花呢

外观无明显条子或格子的花呢都称为素花呢。即使有小花纹、小米格、针点花、密线条等，只要外观素净没有明显条格的，都属于素花呢。素花呢常用于中山装、套装、西裤等。

(4) 鸟眼花呢

鸟眼花呢是一种外观上有小点子花型的中厚花呢。鸟眼花呢的每个小点子中还有一个更小的小点子，形如鸟眼。鸟眼花型是利用色纱和组织配合形成的，图 3-76 是某种织物的配色模纹及花型示意图。图中 AB 表示色纱的排列顺序，A 为浅色纱，B 为深色纱，形成深地色配浅点的图案。

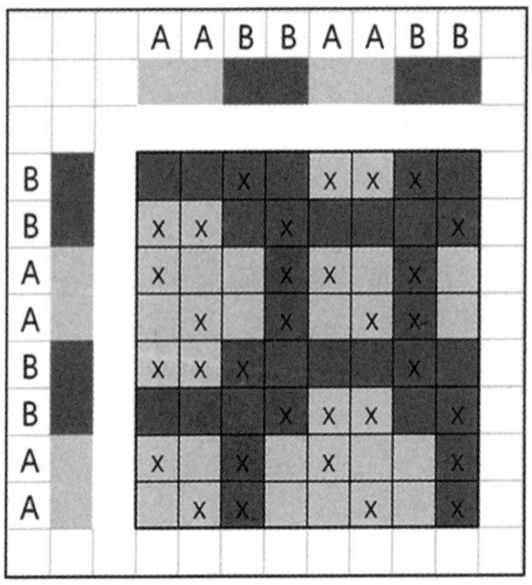

图 3-76　某种织物的配色模纹及花型示意图

常见的鸟眼花呢有全毛的，也有丝毛交织的。鸟眼花呢的经纬纱常用 14.3 tex×2～20 tex×2 的股线，单位面积质量为 250～300 g/m^2，常用于西装等。

(5) 板司呢

板司呢是用方平组织织制的精纺中厚型花呢(图 3-77)。常用二上二下方平组织，多数为色织物，用配色模纹构作花样，品种繁多、风格各异，如满天星的织花、小米格、阶梯花、格林格等。

经纬纱线选用 16.7 tex×2～25 tex×2 的股线，单位面积质量为 270～320 g/m²。

板司呢呢面平整，手感丰厚，软糯有弹性，花样细巧，适宜用做套装、上衣、西裤等。

图 3-77　一种格林格的板司呢

图 3-78　一种海力蒙

(6) 海力蒙

海力蒙是用破斜纹组织织制的具有人字形纹路的花呢(图 3-78)。海力蒙(herring bone)是外来音译名，意为花型像"鲱鱼骨头"的花呢。

海力蒙常用二上二下斜纹作基础组织，相邻的两条斜纹条子宽窄相同，方向相反，在倒顺斜纹的换向处，组织点相互切破，形成纤细的沟纹。产品多数为色织物，通常经纱用浅色，纬纱用深色，花纹清晰，有呢面光洁的，也有轻绒面的。

经纬纱常用 16.7 tex×2～25 tex×2 的股线，单位面积质量为 250～290 g/m²。

海力蒙结构紧密，自然大方，常用于西装、西裤等。

(7) 雪克斯金

雪克斯金是外观具有阶梯花型的紧密中厚花呢(图 3-79)。雪克斯金(sharkskin)是外来音译名，意为外观条纹斑驳，像鲨鱼的皮。

雪克斯金采用二上二下斜纹组织，经纬色纱都是 1 根深色与 1 根浅色间隔排列，利用配色模纹使呢面呈现阶梯样花纹。经纬纱线的细度常用 20 tex 以下的股线，单位面积质量为 250～270 g/m²。

雪克斯金手感紧密，呢面洁净，花型典雅，常用于套装、西裤等。

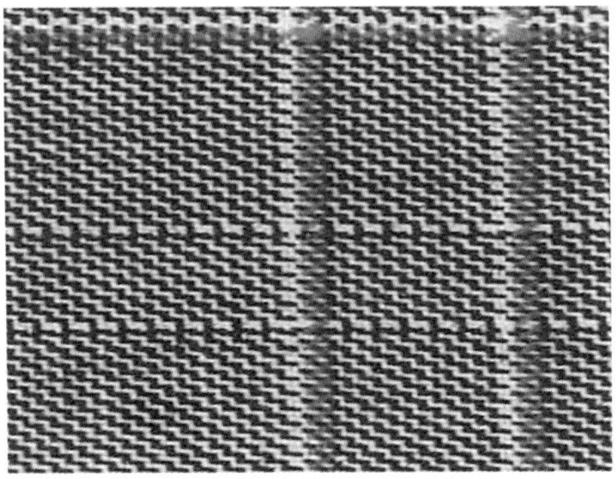

图 3-79　雪克斯金

图 3-80　一种单面花呢

(8) 单面花呢(牙签条)

单面花呢是利用双层平纹组织构成的中厚花呢(图 3-80)，织物的正反面外观一般不相同，故称为单面花呢，多数产品的呢面为细条子花型，俗称牙签条。

纬纱换层的双层平纹组织（图 3-81）经纱不换层，纬纱需要上下换层，它的经纱有表经（图 3-81 中 1357）和里经（图 3-81 中 2468）两条系统，同一根纬纱先与上层表经交织若干次，再转到下层与里经进行交织若干次，然后回到上层进行交织，如此循环把上层和下层连在一起。表层和里层可以设计成不同的花样。

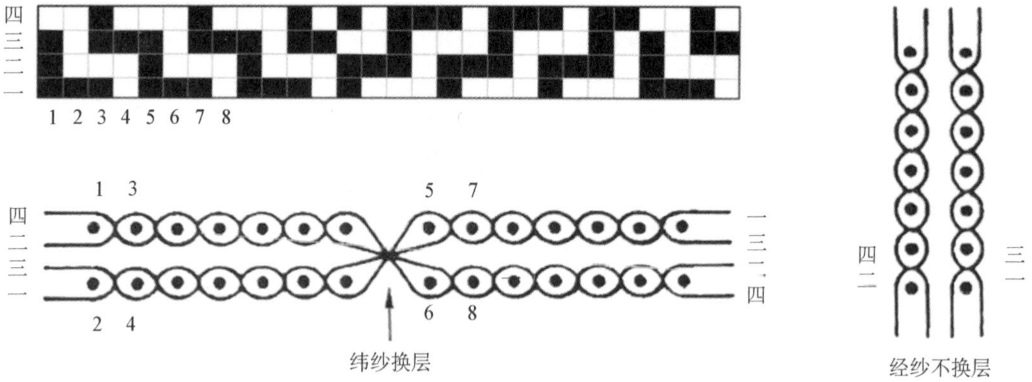

图 3-81　单面花呢组织图

单面花呢因纬纱换层，呢面在换层处会形成纤细的沟纹，富有立体感，形似牙签条。常配用各种彩色嵌线形成彩条或利用正反捻纱形成隐条。单面花呢还可做成格子花型等。

单面花呢经纬纱线常用 14.3 tex×2～20 tex×2 的股线，单位面积质量为 280～310 g/m^2。

单面花呢结构紧密，手感丰满厚实，呢面细洁，纹路清晰立体，常用于套装、中山装、风衣等。

（9）女衣呢

女衣呢是一种重量轻、结构松、手感柔软、色彩艳丽的花色变化较多的女装用呢。

女衣呢的原料可以是棉、毛、丝、麻、黏、涤、腈等。女衣呢多数采用联合组织、变化组织、小提花组织等构作几何花型，也有用最简单的三原组织的。经纬纱线常用股线，粗的为 50 tex，中的为 25 tex，细的为 14.3 tex，也有用单纱的，细度为 25～50 tex，单位面积质量为 180～260 g/m^2。

女衣呢呢面有光洁平整的，也有绒面的等多种风格；花型有平素、直条等简单的，也有鸡脚花等复杂的等；女衣呢品种丰富，有提花女衣呢、印花女衣呢、绉纹女衣呢、纱罗女衣呢、双面女衣呢等，常用于衫裙、上衣、外套等女装。

除以上介绍的花呢外，还有许多品种，如罗丝呢（用精纺毛纱与棉纱合捻的纱线织制的花呢）、丝毛花呢（以天然丝与羊毛织制的花呢以及丝毛交织、丝毛合捻、丝毛混纺的花呢）、波拉呢（用三合股强捻纱线织制的密度较稀的夏令呢料）、胖哔叽（纬纱用马海毛或仿马海毛与其他纤维纱线交织的薄型花呢）、凉爽呢（涤毛混纺的薄花呢，也被称为毛的确良）、毛泡泡纱（呢面呈现泡泡状皱缩的薄型花呢）等。

二、粗纺毛织物

粗纺毛织物是采用粗梳毛纱线织制的。粗梳毛纱线细度较粗，羊毛品质差些，纺纱工艺流程短，毛纱中纤维弯曲多，表面多茸毛，结构蓬松。粗纺毛织物质地厚实，手感丰满，表面有或长或短的绒毛，保暖好。粗纺毛织物经纬纱以单纱为主，单位面积质量范围一般为 180～840 g/m^2。

粗纺毛织物品种丰富，风格多样，按布面效果可分为纹面、呢面、绒面织物三类。纹面织物表面织纹清晰，如人字呢、海力斯、提花呢等；呢面织物表面不露底纹，如麦尔登、海军呢、制服呢、学生呢、法兰绒、女式呢等；绒面织物表面有较长的绒毛覆盖，如大衣呢、驼丝锦等。

1. 麦尔登

麦尔登是一种品质较高的粗纺毛织物，最初在英国的麦尔登创制，故名。原料常用一级改良毛(主要由细绒毛和少量粗绒毛或两型毛组成)或较粗的细羊毛，以及少量的精梳短羊毛或黏纤，因此产品分为纯纺麦尔登和混纺麦尔登两类。少数高档麦尔登是用精梳毛纱作经纱，粗梳毛纱作纬纱织制的。麦尔登的组织常采用二上二下斜纹、一上二下斜纹、平纹等组织，经纬纱线常采用62.5～83.3 tex的粗梳纯纺或混纺毛纱，紧密度高，经纬向紧度达90%以上，单位面积质量为360～480 g/m^2。麦尔登产品颜色以藏青、元色或其他深色为主，结构紧密，手感丰厚，富有弹性，成衣挺刮，不易起皱，耐磨耐穿，能抗水防风，常用于冬季制服、中山装、大衣、披风等。

2. 学生呢

学生呢是一种低档的麦尔登，原料为精梳短毛、再生毛以及少量的黏纤。学生呢采用二上二下破斜纹组织，经纬纱线采用100～111.1 tex的粗梳毛纱，经纬向紧度在72%左右，单位面积质量为400～500 g/m^2。学生呢颜色多为藏青、墨绿、玫红等，布身结构紧密，呢面平整，手感柔软，与麦尔登相比，会有落毛、露底等不足，常用于男女学生装等。

3. 大众呢

大众呢外观类似混纺麦尔登，是以细支短羊毛、精梳短毛、再生毛为主要原料的素色缩绒毛织物。混纺大众呢还会加入黏纤或腈纶等化学纤维。大众呢采用二上二下斜纹及其变化斜纹或三上一下破斜纹，经纬纱线采用83.3～125 tex的粗梳毛纱，单位面积质量为430～490 g/m^2。大众呢呢面细洁平整，质地紧密，绒面好不露底，耐磨，有弹性，常用于秋冬季短外衣、女士大衣及风衣等。

4. 海军呢

海军呢又称为细制服呢，品质比麦尔登稍差，比制服呢好，是粗纺制服呢类中品质较好的一种。海军呢常用一级二级改良毛，或加入少量的黏纤。海军呢采用二上二下斜纹组织，经纬纱线常采用100 tex左右的粗梳毛纱，紧密度比麦尔登稍低，经纬紧度在80%左右，也算是紧密型织物，单位面积质量为360～490 g/m^2。海军呢颜色以藏青为主，也有墨绿、草绿等，结构尚紧密，身骨密实程度不如麦尔登，呢身平挺细洁，常用于军服、制服、中山装、裤子等。

5. 制服呢

制服呢又称为粗制服呢，属于较低等级的粗纺呢绒。原料常用半细毛、三级或四级改良毛，或加入少量的黏纤。制服呢采用二上二下斜纹或破斜纹组织，经纬纱线采用125～166.7 tex的粗梳毛纱，经向紧度83%，纬向紧度75%，单位面积质量为450～520 g/m^2。制服呢颜色多为藏青、元色等，质地厚实，呢面织纹不能完全被绒毛覆盖，手感粗糙，常用于冬季制服、外套、夹克等。

6. 粗纺驼丝锦

粗纺驼丝锦是一种用于女士服装的素色高级粗纺毛织物。传统的粗纺驼丝锦一般采用五枚或八枚经面缎纹织制，经纬纱线常用52.6～55.6 tex的粗纺毛纱，单位面积质量为240～360 g/m^2。轻薄的驼丝锦采用二上一下、三上一下或加强斜纹组织，精经粗纬驼丝锦采用14.3 tex×2～16.7 tex×2精纺股线作经，37 tex粗梳毛纱作纬织制。粗纺驼丝锦身骨良好，富有弹性，手感柔软，细腻滑糯，绒面有短、顺、匀净的绒毛，不露底或微露底，且能隐约看到缎纹或斜纹的线条，表面光洁平滑，并具有优雅柔和的光泽，常用于大衣、礼服、套装、连衣裙等女装。

7. 女式呢

女式呢是色泽艳丽的粗纺毛织物。女式呢手感柔软,外观与风格多样,有平素女式呢、立绒女式呢、顺毛女式呢等。平素女式呢主要采用平纹或二上二下斜纹组织,单位面积质量为 300～410 g/m^2。

平素女式呢呢面平整,一般不露或微露底纹,手感柔软,常用于春秋女套装等。

立绒女式呢采用二上二下斜纹或一上三下破斜纹组织,单位面积质量为 210～400 g/m^2。立绒女式呢呢面丰满,绒毛密立不露底,手感柔软丰厚,有身骨,有弹性,常用于秋冬季女装等。

顺毛女式呢是呢面绒毛较长的产品,绒毛向一个方向倒伏,滑润细腻,许多风格与立绒女式呢相似。

8. 大衣呢

大衣呢是一种粗梳毛纱织制的厚重毛织物,单位面积质量为 390～800 g/m^2。有平厚大衣呢、雪花呢、顺毛大衣呢、银枪大衣呢、立绒大衣呢、维罗大衣呢、拷花大衣呢等。

平厚大衣呢有全毛和混纺品种,产品档次多,经纬纱线粗(83.3～250 tex),织物组织多样(一上三下破斜纹、纬二重、四上四下斜纹、二上二下斜纹等),经纬向紧度高(经向紧度 86%,纬向紧度 90%),单位面积质量为 430～700 g/m^2。平厚大衣呢,呢面平整,匀净,不露底,手感丰厚,以藏青色、黑咖啡色为主,常用于男女大衣等。

雪花呢,又称为白枪平厚大衣呢,有白枪毛均匀分布于黑色呢面上,像雪花一样撒落在呢面上。

银枪大衣呢,属于高档大衣呢,与雪花呢相似,有银色枪毛均匀分布在黑色的绒面上,银色枪毛不是普通羊毛,而是马海毛。也有用有光化纤仿制的彩色仿银枪大衣呢,专门用于女大衣等。

顺毛大衣呢有全毛的,也有羊绒、兔毛、驼绒、牦牛绒等与羊毛混纺的,经纬纱线较粗,有经纬纱都用粗纺毛纱的,也有经纱用精纺股线或粗纺合股纱的,组织为一上三下斜纹、三上一下破斜纹、二上二下斜纹或纬面缎纹,紧度没有平厚大衣呢高(经向紧度 70%～80%,纬向紧度 62%～90%),单位面积质量为 380～780 g/m^2。顺毛大衣呢绒面毛绒平伏,手感滑糯柔顺,有兽皮风格,常用于男女大衣等。

立绒大衣呢,绒面具有细密蓬松像丝绒一样矗立的毛茸。组织通常用二上二下斜纹、一上三下破斜纹或五枚纬面缎纹,经纬纱线较粗(71.4～166.7 tex),紧度与平厚大衣呢相当(经向紧度 75%～85%,纬向紧度 80%～90%),单位面积质量为 420～780 g/m^2。立绒大衣呢为中深色,常用于男女大衣等。

维罗大衣呢,是中浅色的较轻薄的细软立绒大衣呢,常用于女式大衣等。

拷花大衣呢,是采用拷花工艺生产的一种呢面具有不同形状的凹凸立体花纹的立绒或顺毛大衣呢。

9. 法兰绒

法兰绒是用精梳短毛掺入少量粗绒棉或黏纤的混色(白色与其他颜色)粗梳毛纱织制的绒面毛织物。产品有素色法兰绒、鸳鸯色法兰绒、花式法兰绒、弹力法兰绒等。

法兰绒的组织可以用平纹、一上二下斜纹、二上一下斜纹、二上二下斜纹等,纱线细度为 62.5～100 tex,紧度结构较松,经向紧度为 60%,纬向紧度 55%,单位面积质量为 260～320 g/m^2。法兰绒绒面细腻,质地柔软,手感丰满,常用于春秋男女裤装、女上衣、童装等。用细特毛纱织制的薄型法兰绒,单位面积质量只有约 200 g/m^2,常用于衬衫、连衣裙及其他裙子等。

10. 粗花呢

粗花呢是利用两种或两种以上的单色纱,混色纱、合股夹色线、花式线与各种花纹组织配合,织成人字、条子、格子、星点、提花等几何图形的花式粗纺织物,可分为呢面型、绒面型、纹面型等三类。组织采用平纹、斜纹及变化组织等,原料有全毛、毛黏混纺、毛黏涤或毛黏腈混纺以及黏腈混仿等,产品经密 45%～72%,纬密 44%～69%,单位面积质量为 250～400 g/m²,产品有高中低档之分(取决于原料与纱线细度)。粗花呢除常规条子、格子等品种外,还有一些特殊的品种。

(1) 钢花呢

钢花呢又称为火姆司本,是表面均匀散布有红、黄、蓝等彩点的粗花呢,彩点如钢花四溅而得名,分为纹面型和呢面型两类。钢花呢的彩点颜色和大小可以控制,色彩斑斓,风格独特,常用于男女上装、两用衫、风衣等。

(2) 海力斯

海力斯也叫赫布里底呢,属于纹面型粗花呢,分为单色和混色两类,绒面上常有不上色的白色枪毛,产品风格粗犷,结构较松,绒面织纹显露,手感厚实,挺刮,富有弹性,常用于男西服上装、女上装、风衣等。

(3) 芝麻花呢

芝麻花呢是呢面具有芝麻点外观的纹面型粗花呢。它是用黑纱和白纱为一组,中灰纱和浅灰纱为一组,合股后用平纹组织织制而成的产品。常用于女士两用衫、马甲等。

(4) 氆氇呢

氆氇呢原是中国藏族人民用西藏羊毛生产的反面起毛的一种毛织品。常采用二上二下或三上一下斜纹组织,品种很多,有高、中、低档产品和混纺产品,具有露纹或半露纹的斜纹呢面,纹道清晰,质地紧密,呢面光洁,手感厚实有身骨,坚牢耐磨,常用于藏袍、藏族女装围裙和男装的边、袖装饰等。

第五节 丝 织 物

丝织物柔软滑爽、华贵靓丽。丝织物是指用蚕丝、化纤长丝等为主要原料织成的各种织物,现代丝织物品种丰富多彩,依据丝织物的组织结构、生产工艺、外观风格等可分为十四大类,即纺、绉、绡、绢、绫、缎、锦、纱、罗、葛、绨、呢、绒、绸。

一、纺类

纺类是表面平整、质地轻薄的平纹丝织物,又称为纺绸。纺类丝织物品种多样,经纬丝可以采用不加捻或加弱捻的桑蚕丝、人造丝、涤纶丝、锦纶丝等,纬丝也有采用人造棉、绢纺纱的,可以形成不同风格的纺绸。

1. 电力纺

电力纺是用桑蚕丝生织(白织)的纺类丝织物,质地紧密细洁,平挺滑爽,穿着舒适。电力纺最初是用土丝(指蚕农手工或用简易装置缫的丝)在木织机上手工织造,后来改用厂丝(指工厂采用专用缫丝设备缫的丝)在电动织布机上织造,故名电力纺。有真丝电力纺、黏胶丝电力纺和真丝黏胶丝交织电力纺等。

电力纺的经纬线一般都用 2、3、4 根桑蚕丝合并的桑蚕丝(经纬线都采用单根桑蚕丝织成的纺绸叫洋纺),平纹织造,质地紧密细洁,正反相同,手感柔挺,穿着滑爽舒适。电力纺可分为重磅(40 g/m^2 以上)、中磅(20~40 g/m^2)、轻磅(20 g/m^2 以下)三类,重磅的常用于夏季衬衫、裙子及儿童服装等;中磅的常用于服装里料;轻磅的常用于作衬裙、头巾等。

电力纺产品由于产地不同,命名也不同。产于杭州的叫杭纺,产于绍兴的叫绍纺,产于湖州的叫湖纺,产于广东的叫生纺。这些产品各有特色,如杭纺是历史悠久的传统品种,最初是用农工丝生织(白织)的一种纺类丝织物,在纺类中最重、质地最厚,单位面积质量达 113 g/m^2(约 26 m/m)。浙江绍兴生产的绍纺,原料、规格、风格等与杭纺非常相似,紧密度厚实度比杭纺略低,单位面积质量 101 g/m^2(约 23.5 m/m)。

2. 绢纺

绢纺是用纯桑蚕绢丝白织的一种纺类丝织物,又称为绢丝纺。经纬线都是双股线,单位面积质量一般为 76 g/m^2(约 17.5 m/m)。绢纺质地丰满柔软,织纹简洁,光泽柔和,富有弹性,常用于夏季男女衬衫、睡衣睡裤等。

3. 尼丝纺

尼丝纺是用锦纶长丝白织的纺绸,又称尼龙纺。尼丝纺分为中厚型(单位面积质量 80 g/m^2)和轻薄型(单位面积质量 40 g/m^2)两类,常见规格有 110 T、130 T、150 T、170 T、210 T、230 T 等。尼丝纺表面细腻光洁,质地坚韧,弹性和强力良好,常用于男女服装,涂层后可用于滑雪衣、登山服、雨衣等。

尼丝纺除用常规锦纶长丝外,还可用低弹网络丝、空气变形丝等锦纶丝,组织除平纹外还有用经重平、纬重平以及变化组织织制的外观呈现各种格子形状尼丝纺。

4. 涤丝纺与涤塔夫

涤丝纺与涤塔夫是用涤纶长丝白织的纺类丝织物,薄的称为涤丝纺,厚的称为涤塔夫(图 3-82)。常见规格有 170 T、180 T、200 T、210 T、230 T 等。涤丝纺与涤塔夫绸面细洁美观,光滑挺刮有弹性,耐穿易洗,常用于羽绒服、滑雪衣、夹克、休闲服等,也可用于服装衬里等。

图 3-82　涤塔夫用作衬里

5. 春亚纺

春亚纺是涤纶低弹丝白织的纺类丝织物。常见规格有 170 T、190 T、240 T、290 T、300 T 等。质地轻薄挺刮,手感软糯有弹性,绸面稍有绉效应,常用于羽绒服、休闲服等,也可用于服装衬里等。

6. 富春纺

富春纺是用黏胶长丝和棉型黏胶短纤纱线交织的白织类丝织物。富春纺纬纱粗于经纱，经密大于纬密，质地丰厚，绸面光洁，手感柔软，光泽柔和，吸湿性好，穿着舒适。经过树脂整理的富春纺，手感爽挺，印花富春纺常用于连衣裙等夏季服装，染色富春纺常用于冬季棉衣等。

7. 华春纺

华春纺是一种用涤纶长丝与涤黏混纺纱交织的纺绸。织物经染色后为浅杂色，有时还利用涤纶和黏胶吸色性不同的特点把织物染成双色，使表面有星星点点的芝麻的效果，美观别致。华春纺织物平挺坚牢，有良好弹性和抗皱性，透气性和吸湿性较好，常用于男女服装。

纺绸类产品还有很多，如河南绸(柞蚕丝白织的纺绸)、辽丝纺(产于辽宁的柞蚕丝纺绸)、金钱纺(用 0.25 mm 宽的涤纶金皮与涤纶低弹丝交织的纺绸)、安乐纺(涤纶丝与涤细竹节纱交织的纺绸)、忆澜纺(锦纶亮片丝与黏胶丝交织的纺绸)、锦寅纱(锦纶丝与羊毛纱交织的纺绸)、麦浪纺(纯黏胶丝的平纹地小提花纺绸)等。

二、绉类

绉类丝织物大多采用平纹组织，绸面外观呈现绉效应并富有弹性。所谓绉效应，就是织物表面呈现出轻微凹凸的细微皱纹、微小颗粒或起绉小花纹的效应。产生绉效应的方法一般是利用不同捻度、不同捻向的线使织物起绉，或利用经纬线张力大小差异使织物起绉，或利用绉组织使织物起绉，或用轧纹使织物起绉，或利用原料不同的收缩性使织物起绉等。绉类丝织物手感柔软而富有弹性，具有良好的透气性，缩水率一般较大(8%～10%)。重磅型绉织物可用于外套服装，轻磅型的绉织物可用于夏季上衣、裙子以及头巾等。绉类织物品种多样，下面介绍几种常见绉类丝织物。

1. 双绉

双绉是经丝用平线、纬丝用绉线织制的具有细微均匀的皱纹的平纹绉类丝织物(图 3-83)。平线是指不加捻或加弱捻的长丝，绉线是指加强捻的长丝。双绉的纬丝是强捻纬丝，有 S 捻和 Z 捻两个捻向，织造时以 2S、2Z 交替织入，由于纬丝双向扭转力及退捻力的作用而使织物表面有细微均匀的皱纹。

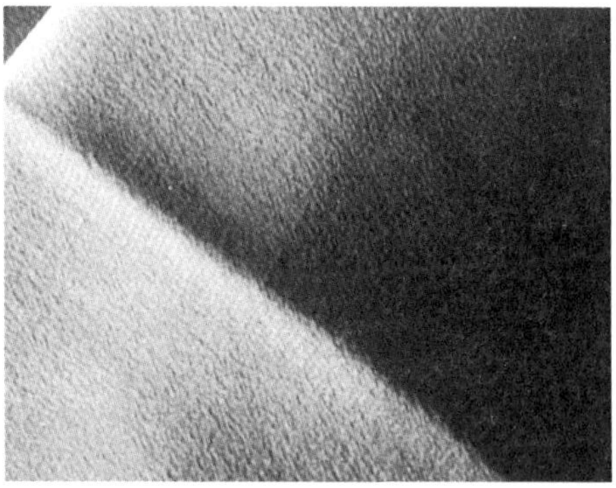

图 3-83　一种双绉

双绉品种规格较多，可分为真丝双绉、人造丝双绉和蚕丝人造丝交织双绉等。双绉中最轻薄的产品称为偶绉，单位面积质量为 37 g/m^2 (8.5 m/m)。双绉织物的绸面平整轻薄，手感柔软滑爽，抗皱性能好，常用于男女衬衫、裙子等。

2. 雪纺

雪纺是用强捻涤纶低弹丝织制的平纹绉类丝织物。经纬线都是涤纶低弹丝绉线并且较粗(83.25 dtex)，织造时均以 2S、2Z 交替织入，单位面积质量为 85 g/m^2，产品厚实，表面绉效应良好，常用于衬衫等。

若用氨纶涤纶包缠丝作纬线，叫作弹力雪纺。若用桑蚕丝做经纬线，平纹变化组织织制的，叫作真丝雪纺。若经纬线都用黑白两种桑蚕丝，以一定根数间隔排列，用二上二下斜纹织造，绸面呈现似提花的黑白两色图形，叫作提花雪纺。

3. 乔其绉

乔其绉又称为乔其纱，是以绉经绉纬织制的一种稀松、轻薄、透明的平纹绉类丝织物(图 3-84)。乔其绉的经纬线织造时均以 2S、2Z 交替织入，并配置稀松的经纬密度，从而使织物表面形成微凸的颗粒和细小的纱孔。

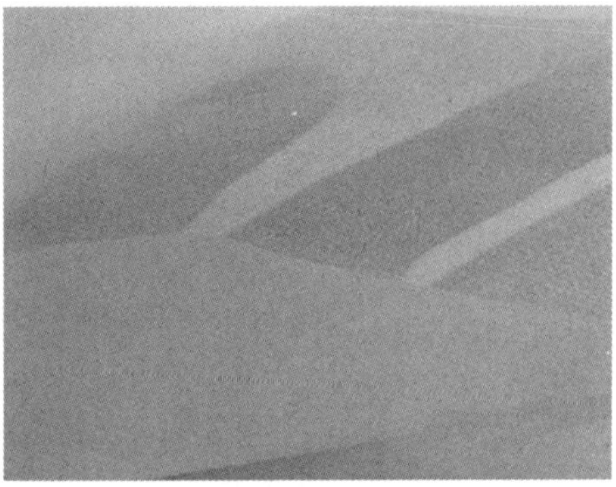

图 3-84　乔其绉

乔其绉的轻重厚薄以及绸面绉缩效应等取决于所用经纬线的粗细、并合数、捻度和经纬密度。若绉经绉纬都较细，被称为蝉翼纱，单位面积质量为 27 g/m^2(6.5 m/m)；若以 A 级优质桑蚕丝单丝作经纬线的，被称为东风纱，单位面积质量只有 15 g/m^2(3.5 m/m)；若经丝不变，纬丝只采用一种捻向的称为顺纡乔其纱，外观呈现经向凹凸起伏不规则的波纹。

乔其纱织物手感柔软滑爽，质地细致轻薄，透明飘逸，富有弹性，具有良好的透气性和悬垂性，常用于夏季女衬衫、裙子、连衣裙、头巾等。

4. 绉缎

绉缎是采用平经双绉纬织制的缎纹绉类丝织物，即纬线用强捻线 2S、2Z 间隔排列，织物正面是纬面缎纹，具有绉效应；织物反面为经面缎纹，呈光亮平整的缎纹效应，形成独特的双面风格。绉缎有素绉缎和花绉缎之分。

5. 涤丝绉

涤丝绉又称特纶绉，是一种用纯涤纶丝织造的绉类丝织物。涤丝绉经丝加捻，纬丝不加捻，以绉组织织制。

涤丝绉具有真丝绸的外观，坚牢度好，挺括抗皱，富有弹性，手感柔软滑爽，易洗快干，但吸湿性差，常用于夏令女衬衫、裙子、连衣裙等。

6. 碧绉

碧绉是平经碧绉纬织制的具有水浪形绉纹的绉类丝织物。碧绉纬丝指的是：先把几根长丝合并加 S 捻，再与一根长丝合并加 Z 捻，从而形成几根丝围绕一根丝的螺旋形绉线(图 3-85)。白织的称为素碧绉，色织条状或格状的称为条子或格子碧绉。还有一种叫香碧绉的，由色彩格形和空稀经纬格局相互结合，别具一格。空稀格子的形成是经线每穿一定数量的筘齿后空出几个筘齿；纬线每投一定数量后梭后，空投几梭，色格与虚格交叉重叠，形成空稀格子。

图 3-85　碧绉纬示意图

碧绉类织物质地紧密细致，手感柔软滑爽，绉纹自如，弹性好，常用于夏季男女衬衫、连衣裙、中式衣衫等。

另外，有一种叫精华绉的产品，经丝为平线，纬丝是用两根碧绉纬再加 S 捻形成的精华绉纬，用平纹组织织制，绸面绉效应显著，质量厚实，富有弹性。

7. 花绉

花绉是指提花的绉类丝织物。例如采用平经绉纬，纬线以 2S、2Z 排列，平地，起五枚经缎花。花绉的提花方法很多，品种也很多，如香岛绉、叠花绉、碧蕾绉、花偶绉、丽谊绉、桑波缎、浪花绉、层云绉、腰带绉、爽绉缎等。

花绉的图案设计巧纱题材好，绸面美观雅致，常用于衬衣、连衣裙、头巾等。

8. 留香绉

留香绉是一种经丝起花的生织丝织物(图 3-86)，它有地经和纹经两组经纱，地经用真丝，纹经用黏胶长丝，纬丝只有一组，用的是加捻真丝。地经和纬丝形成绉地，纹经与纬丝起经缎花。起花的黏胶长丝光泽强烈，花纹特别明亮艳丽，若纹经与地经颜色不同，花纹更加突出。留香绉质地柔软，富有弹性，花形饱满而富有光泽，常用于春秋和冬季女装、旗袍等衣料。

图 3-86　一种留香绉

与留香绉结构相似的产品榕椰绉，也是由两组经纱(平线)和一组纬纱(绉线)构成，甲组经纱用平纹，乙组经纱用缎纹，与纬线交织，织物表面呈现明暗柳条纹外观(可以认为是提的缎纹花)。还有一种叫月华绉的，也是由两组经纱(一绉一平)和一组纬纱(绉线)构成，全部采用平纹织制，甲组绉经 2Z、2S 排列再与乙组平经一起以一定根数间隔排列，绉纬也以 2Z、2S 间隔织入，绸面呈现时隐时现、有绉有平的暗条。

9. 凹凸绉

凹凸绉是用纯桑蚕丝双层袋织高花绉类丝织物。浙江传统品种香岛绉、冠乐绉就是典型的真丝双层袋织凹凸绉类。

凹凸绉绸面织纹凹凸饱满，花纹立体效果好，质地轻盈，有良好的弹性，不易变形，常用于时装、衬衫、连衣裙等。

10. 泡泡绉

泡泡绉是绸面呈现凹凸泡泡状绉效应的丝织物。甲经甲纬采用平线，乙经乙纬采用绉线，平纹织造，织造时平经送经量大，绉经送经量小，后整理后，产生不同扭转面形成凹凸状泡泡。

泡泡绉绸身厚实，绸面丰满，质地柔软有弹性，抗皱性能好，常用于衬衫、裙装等。

三、绡类

绡类是采用平纹或透孔组织织制的轻薄透明具有孔眼的一类丝织物。绡的原料广泛，有桑蚕丝、黏胶丝、锦纶丝、涤纶丝、金银丝等。绡类丝织物，轻薄透明，密度低，常用于晚礼服、连衣裙、披纱、头巾等。绡可分为素绡、提花绡、修花绡、烂花绡等。

素绡是在绡地上提织出金银丝条或缎纹条子，如建春绡、真丝绡等。建春绡是经纬均用桑蚕丝织制的平纹地上起缎纹条子的绡类丝织物。真丝绡是纯桑蚕丝半精练的绡类丝织物。

提花绡是以平纹绡地为主体，提织出缎纹或斜纹浮经组织的各式花纹图案，如伊人绡、条子花绡等。伊人绡是纯黏胶丝白织提花绡类丝织物，平纹绡地上起缎纹经花；条子花绡是纯黏胶丝色织提花绡类丝织物。

修花绡，提花绡上把不提花部分的浮长线修剪掉就成为修花绡，如闪碧绡、迎春绡等。闪碧绡是桑蚕丝嵌以金银皮织制的绡类丝织物，它是平纹绡的绡地上有宽窄不一的缎纹直条，缎条两侧嵌织的金银皮闪亮含蓄。迎春绡是一种纯黏胶丝半色织提花的修花绡。

采用烂花工艺生产的绡叫烂花绡，如新丽绡、太空绡等。新丽绡是以醋酯丝和黏胶丝为经、醋酯丝为纬的烂花绡。太空绡是两组经（半光涤纶丝与有光黏胶丝）一组纬（半光涤纶丝）交织的一种烂花绡。

欧根纱也属于绡类丝织物，它是一种较薄透明或半透明的轻盈硬挺的平纹丝织物。有真丝欧根纱、尼龙欧根纱、涤纶欧根纱、尼龙与涤纶交织欧根纱、尼龙与人造丝交织欧根纱、涤纶与人造丝交织欧根纱等，常用于婚纱、演出服、连衣裙等。

此外还有很多绡，如珍珠绡、条子绡、条花绡、青云绡等。

四、绢类

绢类是用平纹或平纹变化组织进行色织或半色织的花素丝织物。

汉代以前，绢专指麦茎色的丝织物，之后绢作为绡、纱、纺、缟、纨等的总称。而绢布则泛指丝麻织物，绢绸是指柞蚕丝织成的平绢，绢头是指手帕。

古代的绢是生丝织成的，杜甫有“齐纨鲁缟车班班，男耕女桑不相失”的诗句，古代的纨指的是白色的细绢，缟是指细白的生绢（一种绨）。

现代的绢是用桑蚕丝或再生丝纯织，或桑蚕丝与化纤丝交织，经纬丝一般不加捻或加弱捻。服装用的绢类丝织品，质地紧密轻薄，绸面细洁光滑平整挺刮，光泽柔和，常见的绢类丝织物有塔夫绸、天香绢等。此外，用于书画、裱糊扇面、扎制彩灯等的绢，叫画绢；用于筛滤面粉等筛网的绢，叫筛绢。

1. 塔夫绸

塔夫绸是一种高档色织绢类丝织物。塔夫绸采用平纹组织，原料是优质桑蚕经过脱胶染色的熟丝，经丝用两根复捻熟丝，纬丝用三根并合单捻熟丝，经纬丝密度都较高。

塔夫绸花式品种有素色、闪色、条格和提花等，绸面紧密细洁，平挺光滑，不易沾尘污，但易产生折痕，不宜折叠和重压。塔夫绸常用于女士春秋服装、礼服和高级伞绸等。

塔夫绸也有采用双宫丝、绢丝、人造丝、尼龙丝等织制各种仿真丝塔夫绸。例如，用桑蚕丝与桑绢丝交织的绢纬塔夫绢，桑蚕丝与桑绢紬丝疙瘩纱色织的竹节塔夫绢，纯黏胶丝织制的人丝塔夫绢等。

2. 桑格绢

桑格绢是用纯桑蚕丝色织的高级绢类丝织物。采用平纹组织，经纬丝均用A级桑蚕丝，经纱用两色以上条子排列，纬纱用两色按格形排列和色彩要求织入，桑格绢格形图案美观大方，质地细洁精致，爽滑平挺，常用于外衣、礼服、镶边材料等。

3. 天香绢

天香绢是桑蚕丝与黏胶人造丝交织的半色织提花绢类丝织物，也被称为双纬花绸，绸面细洁雅致、质地紧密，经丝用桑蚕丝，纬丝有两组，都用有光黏胶丝，一组染色，一组不染色。纹样题材以中型写实或变形朵花为主，层次丰富，花型闪亮，常用于女士袄服、童装、斗篷等。与天香绢风格与结构类似的还有和平绢、繁花绢、缤粉绢、西湖绢等。

4. 挖花绢

挖花绢是以桑蚕丝和黏胶丝交织的平纹地提花的绢类丝织物，是苏州地方传统产品。挖花绢是在缎纹的花纹中手工挖绕出彩色小花。绸面花纹图案立体感强，生动美观，具有苏绣的风格，常用于春秋冬季服装和各种戏装。

五、绫类

绫是在绮的基础上发展起来的，绮是平纹地起斜纹花的单色丝织物，绫是采用斜纹或斜纹变化组织，表面具有明显斜纹纹路的丝织物。绫始于汉前，盛于唐、宋，浙江的缭绫（唐代作为贡品）最为有名，白居易诗云“红袖织绫夸柿蒂，青旗沽酒趁梨花”。

绫有素绫和花绫，素绫采用单一的斜纹或斜纹变化组织，花绫在斜纹地组织上起各种花纹（盘龙、对凤、仙鹤、孔雀、团寿等）。此外，还有用于书画装裱的绫，称为裱画绫。绫光滑柔软，质地轻薄，常用于衬衫、睡衣、连衣裙以及里子料等。

1. 真丝斜纹绸

真丝斜纹绸是一种纯桑蚕丝的白织绫类丝织物，也称为桑丝绫。经纬丝都是用 2 根、3 根或 4 根并合的桑蚕丝，一般用二上二下斜纹织造，分薄型和中型两类。真丝斜纹绫质地柔软光滑，光泽柔和，花色丰富多彩。

蚕维绫是与真丝斜纹绸相似的一种绫类丝织物，组织采用变化斜纹，经纬丝都是用 2 根并合的桑蚕丝，蚕维绫表面有明显的粗细斜线。

此外，纯桑紬丝织造的称为桑紬绫，桑蚕丝与桑绢丝交织的，偏薄的称为绢纬绫，偏厚的称为宝带绸。

2. 双宫斜纹绸

双宫斜纹绸是一种绸面具有不规则节粗、节细疙瘩风格特征的白织绫类丝织物。经丝使用 2 根并合的桑蚕丝，纬丝使用桑蚕双宫丝，一般以二上二下右斜纹织造，属于中型偏薄产品。

3. 美丽绸

美丽绸又称为美丽绫，经纬都用有光纯黏胶丝，采用三上一下斜纹或山形斜纹织制，绸面光亮平滑，斜纹纹路清晰，颜色多为中灰、浅灰、咖啡、酱红、元色等，美丽绸比较厚实，纹路细密清晰，手感平挺光滑，色泽鲜艳光亮，常用于服装里子等。

纬丝采用棉线的，称为棉线绫；纬丝用棉纱的，称为棉纬绫。

4. 羽纱

羽纱是比美丽绸轻薄的一种丝织物，现代羽纱一般特指以黏胶丝为经、棉纱作纬交织而成的绫类丝织物，一般染成素色，常用于服装里衬。经纬丝都用黏胶丝的称为人丝羽纱。

故宫博物院收藏的清康熙一件大红水波纹羽纱单雨衣，曾经有人认为，羽纱是用羽毛捻成纱线后织成的面料，可以防细雨。后经研究分析认为，故宫所藏羽纱材质分为两种，一种是 100%羊毛产品，另一种是经线为 100%桑蚕丝与纬线为 100%羊毛的交织物，之所以防水是由于面料经过特别的轧光处理后使雨水直接滑下。

5. 广绫

广绫是一种绸面具有明显斜纹起缎纹花的绫类丝织物，分为素广绫和花广绫。广绫是全真丝织物，经丝一般用单根桑蚕丝，纬丝用多根并合的桑蚕丝。广绫绸面斜纹纹路明显，质地轻薄,绸身硬挺,光泽好,常用于女夏装等。

6. 尼棉绫

尼棉绫是一种锦纶丝与丝光棉线的交织绫类丝织物。采用三上一下斜纹组织,经纬丝线色泽不一,绸面具有闪色效应。尼棉绫质地厚实,绸面光滑,坚牢耐用,常用于女士春秋服装。

7. 绒面绫

绒面绫是用有光黏胶丝与有光黏胶短纤纱交织的绫类丝织物。采用一上二下纬面斜纹组织,质地丰厚松软,花色艳丽大方,丝毛浓密,常用于多种服装和斗蓬等。

8. 丝尔绫

丝尔绫是用桑蚕丝与莫代尔丝交织的绫类丝织物。采用二上二下斜纹组织,桑蚕丝占52%,莫代尔丝占48%,手感柔软,具有较好的透气性和吸湿性,常用于春夏季多种服装等。

9. 素宁绸

素宁绸是一种桑蚕丝素色色织绫类丝织物,是南京地区的传统产品,一上二下纬面斜纹织造。若在素洁的平纹地上提织微亮的经花,称为花宁绸。素宁绸色光素洁、柔和,质地挺刮,可用于多种服装。

10. 辛格绫

辛格绫是一种绸面具有彩格的桑蚕丝色织绫类丝织物,二上二下斜纹织造。产品外观光洁,配色大方,常用于职业服装等。

11. 文绮绫

文绮绫是一种纯桑蚕丝的白织单色素地提花绫类丝织物,地部组织采用平纹或斜纹,花部组织采用斜纹。织花与印花相结合,风格古朴典雅,质地轻薄,手感糯爽,常用于男女衬衫、连衣裙、头巾等。

六、缎类

缎类丝织物是指用缎纹组织织制的各种花素丝织物,俗称缎子,古代把“缎”写作“段”。缎类丝织物通常分为素缎、花缎、锦缎等三种。素缎,表面素静无花;花缎,表面有提花花纹;锦缎,有彩色花纹。缎类丝织物是绸身厚实,绸面光滑,外观靓丽,常见品种有花软缎、素软缎、织锦缎、古香缎等。薄型的缎子,常用于衬衣、裙子、披肩等,厚型的缎子,常用于外衣、旗袍、棉袄等。

1. 真丝缎

真丝缎是用纯桑蚕丝生织的缎类丝织物,质地紧密细腻,手感平滑柔软,绸面光亮。轻薄的真丝缎称为薄缎,质地轻盈,柔软平滑,缎面光泽柔和悦目,缎类中最轻薄。真丝缎常用于女士礼服等。

2. 软缎

软缎有素软缎和花软缎之分,都是用真丝与有光黏胶丝交织的生织丝织物(图3-87),纬丝较粗,用八枚经面缎纹织造,正面主要由真丝覆盖,绸面光亮,手感丝滑。花软缎在经缎的基础上提有光黏胶丝纬花,花纹靓丽美观。经纬都用黏纤丝的软缎称为人丝软段,俗称玻璃缎,质地丰厚,绸面光洁,明亮似镜。软缎常用于旗袍、礼服、棉袄、斗蓬、里子等。

3. 库缎

库缎是一种纯桑蚕丝色织缎类丝织物。原是清代官营织造进贡入库供皇室使用的,故名库缎,又叫摹本缎,分素缎和花缎。传统库缎,经纬均用无捻或弱捻的染色熟丝,纬丝较粗。现代库缎经丝用双股加捻熟丝,纬丝采用生丝染色或半精练丝染色,以八枚经缎织造。花库缎有起

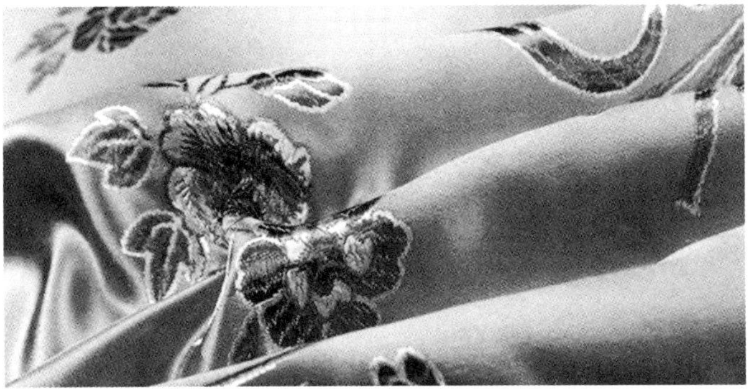

图 3-87　一种软缎

本色花库缎、地花两色库缎、妆金库缎(图 3-88)、金银点库缎、妆彩库缎等。

库缎的经纬向紧密度较大，质地厚实挺刮，缎面平整光滑，主要用于蒙、藏、满、维等少数民族的袍服等。

图 3-88　一种妆金库缎

4. 绉缎

绉缎是一种桑蚕丝平经绉纬生织的提花缎类丝织物，可分为素绉缎和花绉缎。素绉缎一般用五枚缎纹织造，花绉缎常以八枚纬缎起八枚经缎花，纹样题材以写实花卉为主，清地或半清地布局。绉缎的两面外观差别较大，一面光泽暗淡，有细小的绉纹，另一面柔滑、光亮。绉缎质感轻柔、手感滑爽，富有弹性，抗皱性好，常用于衬衣、裙子等。

5. 九霞缎

九霞缎是平经绉纬的生丝织成的提花缎类丝织物。花纹图案较大，色彩绚丽鲜明，绸身柔软，质地坚韧，主要用作春秋冬三季的女式服装。

万寿缎与九霞缎相似，以写实花卉为主，也可选用几何形图案等。

6. 织锦缎

织锦缎是一种多彩熟织提花锦缎类丝织物(图 3-89)。织锦缎经丝为一种颜色，纬丝有多种颜色(三色以上)，基本组织为经面缎纹，起花为纬面缎纹，也使用斜纹辅助修饰。现代织锦缎按原料可分为真丝织锦缎、人丝织锦缎、交织织锦缎和金银织锦缎等。织锦缎花纹精致，色彩绚丽、纹路精细，质地紧密厚实，表面平整光泽，是我国丝绸中具有代表性的品种，常用于唐装、女装、领带等。

图 3-89　一种织锦缎

7. 古香缎

古香缎与织锦缎类似，也是一种多彩熟织提花锦缎类丝织物，但比织锦缎轻薄，花型典雅，以亭、台、楼、阁、虫、鱼、花、鸟、人物故事为主。古香缎紧密富有弹性，常用于唐装、女装、女士睡衣等。

七、锦类

锦是采用斜纹或缎纹等组织、平经平纬、绸面具有精致绚丽的多彩色织提花丝织物。“锦”字，是“金”字和“帛”字的组合，表示锦是豪华贵重的丝帛。锦曾是诸葛亮的军费的重要来源，《言锦教》有“今民贫国虚，决敌之资，惟仰锦耳”之语。

锦类外观五彩缤纷，富丽堂皇，花纹精致古朴，质地厚实，纹样常用龙、凤、仙鹤、梅、兰、竹、菊等图案以及福禄寿喜、吉祥如意等文字。中国有三大传统名锦，即蜀锦、云锦、宋锦。

1. 蜀锦

蜀锦兴于春秋战国而盛于汉唐，因产于蜀地而得名，在我国传统丝织工艺锦缎的生产中，历史最悠久，影响最深远。

蜀锦最初为经锦，通常以经向彩条为基础，提织出五彩缤纷的花纹图案。元代以后开始有纬锦。蜀锦质地坚韧，层次丰富，织纹细腻，主题突出，品种繁多，有浣花锦、雨丝锦、方方锦、铺地锦、散花锦、民族锦、彩晕锦等。浣花锦的纹样有大方胜、落花流水、蜀江红、水波纹、梅花点等，织成后在锦江上游浣花潭内洗涤，故名浣花锦（图 3-90）。雨丝锦的经线以白丝和彩丝组成，表面呈现丝丝雨条纹路，再饰以花纹图案。方方锦是以彩色经纬线组成彩格，格中再缀以不同色彩的花纹图案。铺地锦又称为锦上添花锦，满地细小花纹上再缀嵌大朵花卉。散花锦的花纹布满锦地。民族锦是用多色彩条嵌入金银丝织成的。彩晕锦具有层次色晕，花纹绚丽多彩。

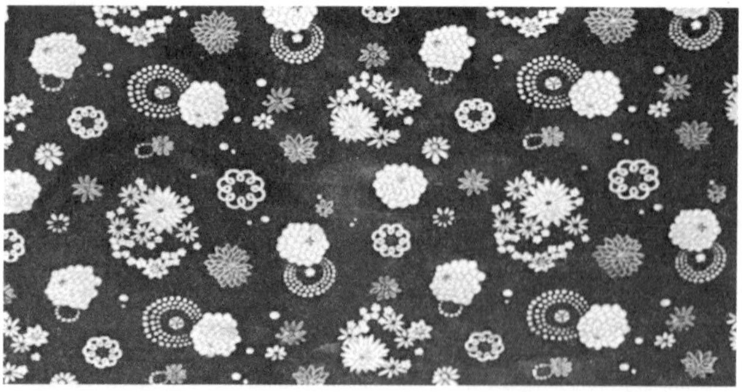

图 3-90　一种浣花锦

2. 宋锦

相传宋高宗时期为宫廷服装和书画装裱需要而生产，并形成了独特的风格，故名宋锦。宋锦是一种以八枚经缎地上提织纬花的色织锦类丝织物(图 3-91)。宋锦的图案多是以吉祥动物为主的中小花纹，一般在花朵、龙纹等花纹的外围有圆形、多边形的外框。宋锦色泽华丽，图案精致，质地坚柔。宋锦有大锦和小锦等，大锦又称为重锦，质地紧密丰厚，结构精致，花地分明，显色效果特别好；小锦有轻薄和厚重两种，以几何纹和对称小花纹为主，图案以表示吉祥如意、会意写实的较多。盒锦也是宋锦的一种，是用桑蚕丝与少量棉纱色织而成，质地轻薄细洁较疏松，花纹是满地正规对称连续的横条形图案。

图 3-91　一种宋锦

3. 云锦

云锦质地紧密厚实，风格豪放饱满，典雅雄浑，图案中配以祥云飞霞，如天空多彩有变幻的云彩，故名云锦(图 3-92)。云锦以圆金线作地，且大面积使用扁金线，光彩夺目，金碧辉煌，云锦纹样用色浓艳对比强，常以片金勾边，白色相间，色晕过渡，色彩富丽，别具一格。

云锦代表品种是妆花缎，纹样图案以饱满写实或蜜枣意大朵花卉为主，配以美丽枝干和行云、卧云、七巧云、如意云等变幻云纹，运用主体花的色晕和陪衬花的调和，以达到宾主呼应、层次分明、花清地白、锦空匀齐的效果。金宝地是妆花中的代表品种，金彩辉映，灿烂夺目，古代用于宫廷装饰和皇帝龙袍。

图 3-92　一种云锦

4. 壮锦

壮锦是棉纱线与桑蚕丝交织的色织提花锦类丝织物，是广西壮族自治区的民族传统织锦工艺品，故名壮锦。壮锦是中国第四大名锦，起源于宋代，传统的壮锦用丝、麻、丝棉交织而成，壮锦经历了从单色到五彩斑斓，图案花纹从简单到繁复的发展变化。壮锦有自成体系的三大种类纹样，一是以几何装饰图案为主的连续纹样，二是以花卉为主题的复合纹样，三是以吉祥瑞兽为主题的纹样。图案生动，结构严谨，色彩斑斓，充满热烈、开朗的民族格调。

5. 傣锦

傣锦是傣族的织锦，具有浓郁的地方特色和少数民族特色，也被称为娑罗布。傣锦有棉织锦和丝织锦二种。棉织锦基本用通纬起花，丝织锦则既有通纬起花也有断纬起花。它的图案有珍禽异兽、奇花异卉和几何图案等。傣锦织工精巧，图案别致，色彩艳丽，坚牢耐用。

6. 苗锦

苗锦是苗族传统的提花织物，苗锦、银饰、刺绣、蜡染被称为苗族四大服饰工艺。苗锦采用彩色经纬丝，基本组织为人字斜纹、菱形斜纹或复合斜纹，多用小型几何纹样，以纬丝起花，采用多把小梭子织造。苗锦有素锦和彩锦，素锦以黑白为基调，彩锦五彩缤纷，纹样色彩优美，富有民族风格，常用于女装、礼服、衣领镶嵌物等。

7. 土家锦

传统土家锦以棉线为经，各色棉、毛、丝等纤维为纬，通经断纬手工挑织，彩纬满铺显花。纹饰大多采用各种花鸟虫草走兽和生活用具，经抽象概括为象征性的几何形图案，配色浓烈鲜艳，有粗犷、朴质、敦厚、绚丽的民族风格。

八、纱类

纱类丝织物是在地纹或花纹的全部或部分构成具有纱孔的花素织物。纱类丝织物采用绞纱组织，有地经和绞经两个系统的经线，织造时绞经在地经的两侧左右交换进行扭绞，与纬线交织，形成纱孔。可分为素纱和花纱，素纱为生织，花纱为熟织。常见品种素纱有化妆面纱、萤波纱，花纱有莨纱、芦山纱、锦玉纱、夏夜纱等。

1. 化妆面纱

化妆面纱是纯桑蚕丝白织纱类丝织物，质地轻薄，富有弹性，柔软透明，具有良好的透气和吸湿性能，与皮肤、化妆物有一定黏附力，主要用于演员化妆。使用时，在脸上粘贴一层或多层化妆面纱，并将胡须、眉毛等化妆物附植在面纱上。

2. 萤波纱

萤波纱是桑蚕丝染色作经和花式结子线染色作纬交织的纱类丝织物。质地透空松软，绸面闪闪发亮，风格别致，常用于女装。

3. 芦山纱

芦山纱是桑蚕丝白织的提花纱类丝织物，经密大纬密小，经密约是纬密的两倍，绸面素洁，有直条形暗花，有细小纱孔，透气性好，质地轻薄，手感爽挺，常用于夏季中式服装、衬衫、裤子等。

4. 莨纱

莨纱是用茨莨液浸渍处理的桑蚕丝生织的提花纱类丝织物（图 3-93），又称为香云纱、暮云纱、拷纱。茨莨液是一种茨根果植物的宿根液，内含有胶质、丹宁酸等成分。茨莨液浸渍处理的方法，是把织造好的坯绸练熟、水洗、晒干，然后放在茨莨液中浸渍，浸渍后凉晒，如此反复浸晒（36～40 次），绸的正反两面都会有一层茨莨液胶状物，呈现黄棕色。再用河泥覆盖在绸的表面，河泥中含有铁盐的物质附着在绸面上，这样覆盖河泥的这一面就会呈现黑褐色（这个过程称为过乌）。莨纱表面乌黑发亮，细滑平挺，易洗免烫，缺点是表面漆状光泽不耐磨，揉搓容易掉落，常用于夏季便服、旗袍、唐装等。

图 3-93　一种莨纱

5. 锦玉纱

锦玉纱的表面具有透孔的纱地上呈现光亮的金银皮纬花及隐约的平纹花，花地分明，外观华丽，属于色织提花纱类丝织物，通常用于女装、晚礼服、宴会服等。

6. 夏夜纱

夏夜纱是桑蚕丝与黏胶丝、铝皮交织的熟织提花纱类丝织物。地部亮而平挺，花部暗而透孔，层次分明，花地相映犹如盛夏夜空中闪烁的繁星，外观高贵华丽，常用于高级女装等。

九、罗类

罗是全部或部分采用罗组织，外观具有横条或直条形孔眼的丝织物(图 3-94)。罗的孔眼是通过罗的绞经在每织 3 梭或 3 梭以上奇数纬绞转 1 次形成的。罗织物历史悠久，有学者认为，在新石器时代晚期，我们的先民就已经能够织造平纹和绞经组织的纱、绢、罗一类织物了，在商周时期的出土文物中就有不少罗，《禹贡》中提到扬州一带有“越罗縠纱”。罗织物风格雅致，质地紧密，纱孔通风凉爽，穿着舒适，常用于夏季服装。

图 3-94　一种罗组织与罗面料

1. 杭罗

杭罗是纯桑蚕丝白织罗类丝织物，具有等距的直条形或横条形纱孔，因产于杭州，故名杭罗。罗纹呈横条的称为横罗，罗纹呈直条的称为直罗。

杭罗历史悠久、质地厚实，孔眼清晰透气，品质优良，是罗类织物的传统名品，杭罗、云锦、苏缎并称为中国“东南三宝”驰名中外。

2. 帘锦罗

帘锦罗是桑蚕丝色织提花罗类丝织物，它在直条罗纹中缀织经花和少量陪衬纬花，纹样采用粗壮块面朵花，配以暗花衬托。帘锦罗质地轻薄挺括，悬垂性好，风格别致。

十、葛类

葛类是用平纹、经重平或急斜纹组织，经细纬粗，经密纬疏，质地比较厚实并有明显横棱纹的丝织物。经纬线可以用相同或不同种类的原料，如经纬线均用桑蚕丝，也可以经线用人造丝，纬线用棉纱或混纺纱等。可分为素葛和提花葛，素葛表面素净无花，只呈现横棱纹；提花葛在横棱纹上起缎花，花纹光亮。葛类品种有文尚葛、春光葛、素毛葛、特号葛、印华葛、明华葛、新华葛、椰林葛、春风葛等，葛类丝织物厚实耐用，一般用于春秋服装、冬季棉服等。

1. 文尚葛

文尚葛是采用黏胶丝与棉纱线交织的葛类丝织物。素文尚葛采用$\frac{1\ \ 1\ \ 1}{1\ \ 1\ \ 4}$九枚急斜纹织制。花文尚葛在横棱纹地组织上提出经花，如寿字或喜字等花型。文尚葛质地精致紧密且较厚实，外观具有明显的横凸纹，光泽柔顺，坚牢耐穿，缺点是耐洗能力较差，易起毛。

2. 特号葛

特号葛是采用桑蚕丝平经与弱捻纬交织的提花葛类丝织物。特号葛采用的桑蚕丝较粗，用纬丝湿纡织造，以平纹组织织地，以八枚经面缎纹组织织花，质地柔软、织纹简洁、花纹美观、坚韧耐穿。

3. 新华葛

新华葛是采用纯黏胶丝白织的提花葛类丝织物。新华葛是在平纹地上提五枚经缎花，纹样有写实和写意的梅、兰、竹、菊和寿字为主，或少量的团形龙凤图案，新华葛质地挺刮滑爽，织纹缜密雅致。

十一、绨类

绨，古代指粗厚的丝织品。成语齐纨鲁缟的缟就是指绨，说的是春秋时期齐国宰相管仲用织绨的经济手段让鲁、梁两国臣服于齐国的故事。

现代的绨是指用长丝作经，棉纱或蜡纱作纬，以平纹组织交织的丝织物。纬丝采用丝光棉线的称为线绨，又分素线绨、花线绨；采用蜡棉线的称为蜡线绨；提花线绨称花绨。绨类丝织物质地粗厚缜密，织纹简洁清晰，比其他丝织物经久耐用。

1. 素绨

素绨是用无光铜铵长丝与蜡纱交织的平纹绨类丝织物。素绨颜色有元色、藏青、酱红、咖啡等，质地粗厚，织纹清晰，光泽柔和，常用于冬季棉服等。

2. 一号绨

一号绨是黏胶丝与丝光棉纱交织的白织提花绨类丝织物。平地经花，中大型花用八枚缎纹起花，小型花用一上三下斜纹起花。纹样题材以写实或实意花卉为主，以简单的小几何图案满地布局。一号绨质地坚实丰厚，地纹光泽柔和，常用于春秋服装、冬季棉服等。

此外，还有一种叫新纹绨的与一号绨相似，但花纹不同，是平纹地上起短经浮长细小点花纹，其他与一号绨基本相同。

3. 蜡线绨

蜡线绨是用黏胶丝与蜡纱交织的白织绨类丝织物。蜡线绨通常为平地起八枚经缎花，绸面光洁，手感滑爽，常用于秋冬季服装等。

十二、呢类

呢是用较粗的经纬丝线织制的具有毛型感的丝织物。可分毛型呢和丝型呢，毛型呢采用化纤长丝和棉纱或其他混纺纱并合加捻的纱线，以平纹或斜纹组织织制，表面具有毛茸，光泽较暗，织纹粗犷，手感丰满，如丰达呢、丝毛呢等。丝型呢采用桑蚕丝、化纤长丝为主要材料，以绉组织、斜纹组织织制，光泽柔和，质地紧密，如西湖呢、康乐呢、博士呢等。运用绉组织的呢，表面具有颗粒，凹凸明显，光泽柔和，绉纹丰满，质地松软厚实。呢类丝织物，常用于秋冬服装、棉服等，薄型的也可用于衬衫、裙子等。

1. 丰达呢

丰达呢是用不同的两种细度的涤纶丝为经、弹力收缩涤纶丝为纬，以斜纹组织织制的白织呢类丝织物。绸面有水浪形斜条，织纹粗犷，绸面丰满，手感松爽，色彩多为豆绿、咖啡等色，常用于休闲服装、时装等。

2. 丝毛呢

丝毛呢是用丝毛混纺纱线（柞蚕丝、羊毛混纺）为经纬线织制的呢类丝织物。通常使用二上二下方平组织交织，质地厚实而富有弹性，有毛型感，常用于套装等。

3. 西湖呢

西湖呢是用纯桑蚕丝平经绉纬（2S、2Z）白织的小提花呢类丝织物。西湖呢花地清晰，表面有急斜纹路的暗点，绸面稀疏，富有弹性，光泽柔和，常用于春秋服装、棉服等。

4. 康乐呢

康乐呢是用纯黏胶丝平经平纬白织的提花呢类丝织物。纹样题材以写实花卉或变形团花为主，以八枚经缎提花，地纹上嵌入各种粒点，花部明朗清晰。

5. 博士呢

博士呢是用桑蚕丝平经绉纬（2S、2Z）白织的呢类丝织物。素博士呢织纹清晰，光泽柔和，富有弹性，色泽通常为咖啡、枣红、藏青、元色等。花博士呢纹样题材以中型团花为主，用八枚经缎提花，地部光泽柔和，织纹雅致，花部缎面光亮，图案古朴端庄。

6. 峰峦呢

峰峦呢是用涤纶低弹丝绉经（2S、2Z）绉纬（2S、2Z）以峰巢组织织制的白织呢类丝织物。织纹别致，外观凹凸感明显，立体感强，视觉粗犷，手感柔软松糯，悬垂性好，穿着透气性好。色泽一般为淡橘、粉红等浅色，常用于夏季服装。

十三、绒类

绒类丝织物是用桑蚕丝或化纤长丝织制的表面具有绒毛或者绒圈的花素丝织物，又称为丝绒。绒的基本组织有平纹、斜纹、缎纹及其变化组织，丝绒按织制方法可分为双层经起绒、双层纬起绒、起绒杆起绒、缎面浮经浮纬起绒等。丝绒质地柔软，色泽鲜艳光亮，绒毛绒圈紧密，绒毛耸立或平卧，常用于服装外套、裙子等。

1. 天鹅绒

天鹅绒是表面具有绒圈或绒毛的单层起绒丝织物，起源于福建漳州，所以又称为漳绒。天鹅绒为两组经两组纬交织，经纬纱线可采用纯桑蚕丝，也可桑蚕丝作经棉纱作纬，用起绒杆起绒。天鹅绒有花素两类，表面全部是绒圈的为素绒，装饰部分绒圈按设计的花纹（团龙、团凤、五福等）割断成绒毛，绒毛与绒圈相间构成花纹的为花绒。天鹅绒色彩以黑色、紫酱色、杏黄色、蓝色、棕色为主，具有绒圈或绒毛浓密耸立，光泽柔和，质地紧牢耐磨的特点，常用于高档服装、帽子等。

2. 漳缎

漳缎是以缎纹地和绒毛构成花纹的纯桑蚕丝色织单层经起绒的绒类丝织物。漳缎一般采用缎地绒花，也有绒地缎花，用起绒杆起绒，绒毛花纹以粗壮块面、写意花卉和变形花卉为主。漳缎的色彩分纯色、双色、彩色，常用元色、酱紫色、混金色、晶蓝、藏蓝、墨绿、咖啡色等。漳缎缎地挺刮坚牢，绒毛耸密柔软，光泽亮丽，富丽华贵，常用于高级女装等。

3. 乔其绒

乔其绒是桑蚕丝与黏胶丝交织的双层经起绒的丝织物。采用双层分割法形成绒毛，地经和地纬均采用强捻桑蚕丝，绒经采用有光黏胶丝。有乔其立绒和烂花乔其绒两种，乔其立绒的绒毛耸密挺立，手感柔软，富有弹性，光泽柔和；烂花乔其绒，花地分明，半实半透，绚丽别致，乔其绒常用于晚礼服、宴会服等。

4. 光明绒

光明绒是桑蚕丝和有光黏胶丝、金银色铝皮、涤棉纱交织提花的双层经起绒丝织物。花绒以有光黏胶丝为主体，花芯部分镶嵌金银色铝皮，属于双色绒毛提花丝绒，纹样以写意花卉或几何图案为主，造型简练粗犷，绒毛花纹闪烁饱满，富有立体感。光明绒质地轻柔爽挺，绒花浓簇耸立丰满，高贵华丽，常用于高级服装等。

5. 金丝绒

金丝绒是用桑蚕丝与黏胶丝交织的单层经起绒织物。金丝绒为两组经（地经和绒经）一组纬交织，W 型固结绒根，绒经以一定浮长浮于织物表面，再用通绒刀割开，然后经整理形成绒毛。金丝绒具有色光柔和，绒毛耸密浓簇，质地柔软，富有弹性的特点，常用于女装、服装镶边等。

十四、 绸类

绸类是指无其他十三大类特征的各类花素丝织物。绸的组织可以是平纹或各种变化组织，或同时混用几种基本组织和变化组织（纱、罗、绒组织除外），绸的经纬线可以桑蚕丝或各种化纤丝，绸的种类繁多，轻薄的质地柔软，富有弹性，常用于衬衫、裙子等，中厚型的绸面层次丰富，质地平挺厚实，常用于西服、礼服等。

1. 双宫绸

双宫绸是用桑蚕丝作经、双宫丝作纬织制的平纹素色丝织物，泰山绸、双宫塔夫绸等都属于双宫绸。双宫丝的丝条粗而颣节多，粗细不均，疙瘩结块多，使双宫绸绸面呈现不规则的粗节。双宫绸有白织的，也有色织的，色织的又有纯色的和闪色的，质地紧密挺刮，绸面有自然的疙瘩纹，常用于春秋服装、衬衣、外套等。

2. 绵绸

绵绸是用桑䌷丝生织的平纹丝织物，䌷丝纱条粗细不匀，形成不平整绸面外观，绸面均布黑色的绵粒（残留的蚕蛹碎屑），本白绵绸略带乳黄色，缺少光泽，感觉粗糙。绵绸质地厚实富有弹性，风格粗犷，常用于特殊风格的服装等。

3. 玉影绸

玉影绸是纯桑蚕丝织制的具有孔眼的绸类丝织物。玉影绸的孔眼是用假纱组织形成的，孔眼清晰，手感糯爽柔软，常用于衬衫、连衣裙等。

除以上介绍的十四大类丝织物外，还有一种叫缂丝的艺术品，是中国特有的将绘画移植于丝织品的一种工艺美术品，以细蚕丝为经，色彩丰富的蚕丝作纬，纬丝仅于图案花纹需要处与经丝交织，也有人称为"刻丝"，最早出土的文物见于唐代。

第六节 麻 织 物

麻织物是指采用麻纤维纯纺或混纺或交织形成的织物。麻织物种类很多，用作服装面料的有苎麻织物、亚麻织物等。麻织物以纯纺为主，纤维品种不同，性能各异，织物表面有大小不一的纱线粗节，形成麻织物粗犷的独特风格。

1. 苎麻织物

苎麻纤维比较长，平均长度 60 mm，但长度整齐度差，最长可达 600 mm，纺纱时需要切断或拉断。苎麻织物吸湿散湿快，挺爽透气，抗皱性差，耐磨性差，风格粗犷，常用于夏季服装等。

（1）纯苎麻布

纯苎麻布是用脱胶后的苎麻梳理后，取其精梳长纤维纺成纯苎麻纱织制的麻织物。纯苎麻布一般是中细特纱的单纱织物，常见品种经纬纱线细度为 18～28 tex，平纹组织，单位面积质量为 105～125 g/m^2。纯苎麻布充分体现了苎麻的特性，具有强度高，手感挺爽，光泽闪亮，透气性好，吸湿散湿快，卫生性能良等特点，也存在易皱不耐曲磨，折叠处易磨损等缺点，常用于夏季服装。

（2）爽丽纱

爽丽纱是用低线密度的单纱织成的细薄的纯苎麻织物。爽丽纱与纯苎麻布相似，也是精梳长纤维单纱织物，平纹组织，但纱线较细，一般为 10～16.7 tex。爽丽纱具有蚕丝一样的光泽，穿着挺爽，轻微透明，薄如蝉翼，高贵华丽。用水溶性维纶纤维与精梳长苎麻条混纺纱而织成的坯布，在练漂时溶去维纶纤维，则织物更为细薄。爽丽纱常用于高档衬衣、裙子等。

（3）夏布

夏布是手工织制的苎麻布（图 3-95），是用未经脱胶或半脱胶的苎麻韧皮，手工或用简单工具撕劈成丝，头尾捻绩成纱后织成，因用作夏季服装和蚊帐而得名。夏布历史悠久，以平纹组织为主，有纱细布精的，也有纱粗布糙的。我国古代苎麻布精粗用升表示，以规定幅宽 1.5 市尺（约 0.5 m）内 80 根纱为 1 L，升数越大，品质越好，最精细的可达 30 L。低特纱夏布组织紧密、色泽匀净；粗特纱夏布组织疏松，色泽较差。

（4）鱼冻布

古代的鱼冻布是用桑蚕丝与苎麻交织而成，又称为鱼谏绸（图 3-96）。明代出产于广东东莞一带，最初是从破旧鱼网中拆取苎麻纱线，与桑蚕丝交织，丝经麻纬，桑蚕丝柔软，苎麻坚韧，两者均有光泽，织成布后"色白若鱼冻，愈浣则愈白"，故名鱼冻布。现在的鱼冻布是用脱胶精梳长纤维苎麻纱线与绢丝交织而成，有的也会在绢丝中夹入桑蚕丝。织物柔软光滑，常用于夏季服装等。

图 3-95　一种夏布

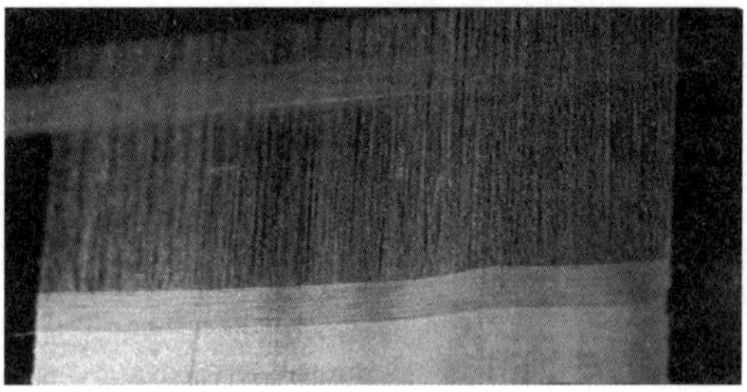

图 3-96　丝经麻纬鱼冻布

2. 亚麻织物

亚麻织物表面光泽柔和，易洗易烫，吸湿散湿好，不易吸附灰尘，缺点是易皱，尺寸稳定性差。脱胶后亚麻工艺纤维的色泽为灰色至浅褐色，漂白困难，需要进行四次漂白。多数产品采用原色织布（不漂白）或半漂（漂白 2 次）织布，色泽自然大方，风格淳朴。

（1）亚麻细布

亚麻细布通常指细特、中特亚麻纱织制的麻织物。亚麻细布经纬纱要求条干均匀，麻粒子少。用于内衣的亚麻细布，纱线细度要细（40 tex 以下），常用平纹组织织制；用于外衣的亚麻细布，经纬纱较粗（70 tex 或 35 tex×2 以上），平纹组织为主，也有人字纹、隐条、隐格等。亚麻纱强度高，但伸长小，亚麻细布经纬紧度不大，约为 50%。

（2）雨露麻

亚麻纤维采用日晒雨露风霜的自然方法进行脱胶而得，故名雨露麻。雨露麻一般呈暗绿色，也有银灰、深灰或黑灰色。中国有放入天然湖泊或水坑中沤制脱胶的温水麻，温水沤麻水温一般在 28～32℃之间，沤制约 100 小时左右即可。温水麻呈淡黄、淡褐或黄绿色，温水麻也属于雨露麻。现代雨露麻织物是由亚麻纤维（约 15%）与黏胶纤维（约 85%）混纺纱线织制而成。雨露麻手感柔软滑爽，轻薄飘逸，悬垂性好，具有天然暗绿色的特殊风格，常用于高级时装等。

第四章

合纵连横针织物

针织物是由纱线通过织针的运动形成线圈，并将线圈依次串套而成的织物。 简单地说，针织物是纱线以线圈的形式相互连接起来的，纱线的成圈方向可以是纵向的，也可以是横向的，因此针织物可分为纬编织物和经编织物。 针织物手感柔软，有较大的延伸性和弹性、良好的透气性和抗皱性。 针织面料常用于内衣内裤、T 恤衫、运动服、休闲服等。

第一节　认识针织物

一、纬编与经编

1. 纬编针织物

纬编针织物是用一根(或几根)纱线沿针织物的纬向(横向)顺序弯曲成圈,并由线圈依次串套而成的针织物(图 4-1)。纬编针织物质地柔软,具有较大的延伸性和弹性、良好的透气性。织物组织有纬平针、罗纹、双反面等基本组织,有双罗纹、变化平针等变化组织,有提花、集圈、毛圈、长毛绒、波纹、衬经衬纬等花色组织,以及各种复合组织。纬编针织物常用于内衣、紧身衣、运动服装、各种外衣等。

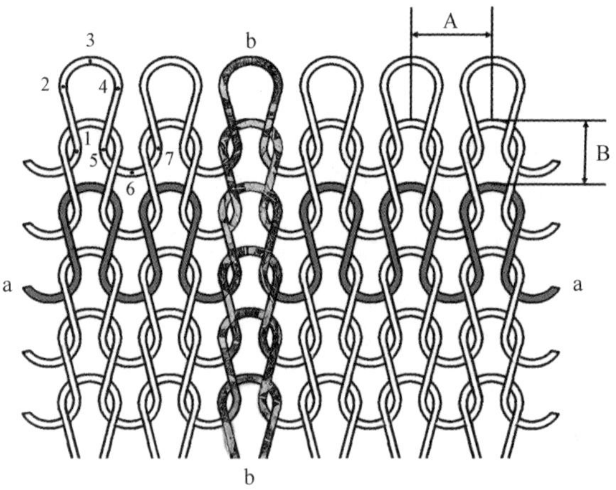

图 4-1　纬平针组织线圈结构图

2. 经编针织物

经编针织物是将一组或几组平行排列的纱线由经向绕垫在针织机所有工作针上,同时进行成圈,线圈纵向互相串套横向连接成圈而形成的针织物(图 4-2)。

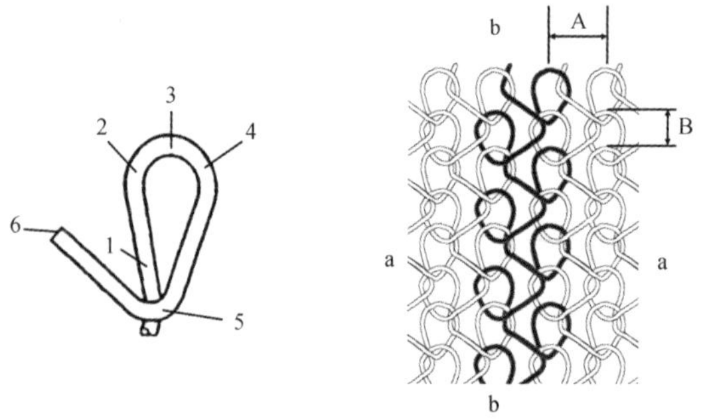

图 4-2　经平针组织线圈结构图

经编织物中的纱线走向是沿着经向的，一个横列中每一个线圈都是由不同的纱线编织而成的。在一个横列中形成一个竖直的线圈，然后斜向移动到另一纵行，在下一个横列中形成另一个线圈。经编织物具有纵向尺寸稳定性好、挺括、脱散小、不卷边、透气性好等优点，但其横向延伸、弹性和柔软性不如纬编针织物。普通经编织物常采用编链组织、经平组织、经缎组织、经斜组织等织制。花式经编织物种类也很多，常见的有网眼织物、毛圈织物、褶裥织物、长毛绒织物、衬纬织物等。经编针织物有厚型、中厚型和薄型之分，薄型的主要用作衬衫、裙子面料；中厚型、厚型的则可用作男女大衣、风衣、上装、套装、长裤等面料。

二、针织物的基本结构

针织物是利用织针将纱线弯曲成圈并相互串套而形成的织物，线圈是组成针织物的基本结构单元。图 4-1 和图 4-2 分别是纬平针和经平针组织线圈结构图。纬编针织物的线圈由圈干 1-2-3-4-5 和沉降弧 5-6-7 组成，圈干包括圈柱 1-2、4-5 和针编弧 2-3-4。经编针织物的线圈由圈干 1-2-3-4-5 和延展线 5-6 组成，圈干包括圈柱 1-2、4-5 和针编弧 2-3-4。

针织物中，线圈沿织物横向组成的一行称为线圈横列（a-a），线圈沿织物纵向相互串套而成的一列称为纵行（b-b）。在线圈横列方向，两个相邻线圈对应的点间的距离称为圈距，一般用 A 表示；在线圈纵行方向，两个相邻线圈对应点间的距离称为圈高，一般用 B 表示。

圈柱覆盖在圈弧上的一面为正面，圈弧覆盖在圈柱上的一面为反面（图 4-3）。针织物有单面双面之分，单面针织物是由一个针床编织而成的针织物，正面只有正面线圈、反面只有反面线圈。双面针织物是由两个针床编织而成的针织物，织物的两面全部都是或部分是正面线圈，也就是说两面均有正面线圈。

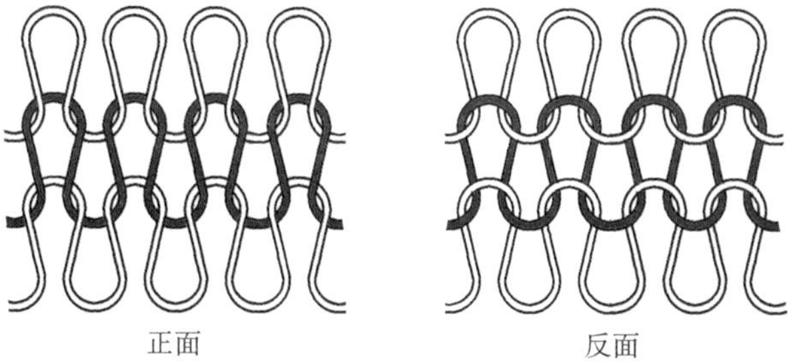

图 4-3　一种针织物的正反面

三、针织物的规格参数

1. 线圈长度

线圈长度是指组成一个线圈的纱线长度，单位用毫米（mm），也就是纬编织物中的圈干和沉降弧的总长度，经编织物中的圈干和延展线的总长度。线圈长度的大小对其脱散性、耐磨性、弹性、强力、抗起毛起球性等都有影响。

2. 密度

针织物的密度是指规定长度内的线圈数，用横密和纵密表示（图 4-4）。横密指沿线圈横列方向 5 cm 内的线圈纵行数，用符号 P_A 表示；纵密指沿线圈纵行方向 5 cm 内的线圈横列数，用符号 P_B 表示。

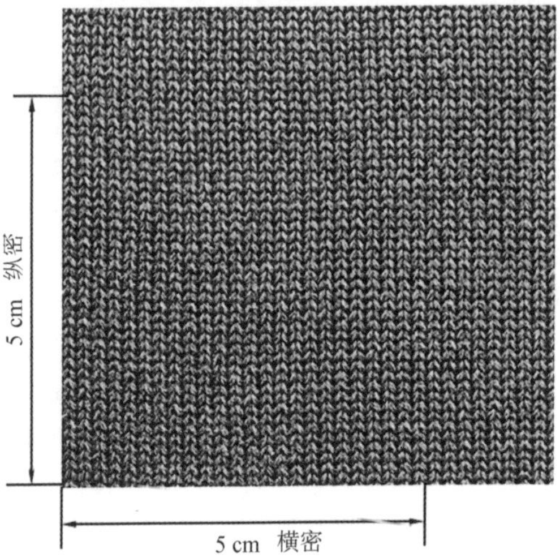

图 4-4 纵密与横密

3. 未充满系数

针织物的稀密程度，还与纱线的粗细程度相关。未充满系数(δ)是线圈长度 l(mm)与纱线直径 d(mm)的比值。线圈长度愈长，纱线愈细，δ 值就愈大，表明织物未被纱线充满的空间愈大，织物愈稀疏。

4. 厚度

厚度是指针织物在自然状态下测得的数值大小，厚度受组织结构、线圈长度、纱线细度等因素影响。

5. 单位面积干燥质量

单位面积干燥质量是指每平方米干燥针织物的质量克数(g/m^2)，也称为面密度。

四、特性

针织物的线圈结构，使针织物具有较多的空隙，能保存较多的静止空气，并且透气性和透湿性好，所以针织物穿着时保暖舒适。针织物的尺寸稳定性较差，在外力作用时，线圈易于变形，加上针织用纱线的捻度较小，所以针织物手感柔软。

1. 脱散性

脱散性是指针织物纱线断裂或线圈失去串套联系后，线圈在外力作用下，依次从被串套的线圈中脱出，使线圈分离解散的现象，最终导致针织物结构被破坏而解体。

2. 卷边性

卷边性是指在自然状态下针织物的边缘发生包卷的现象。卷边的方向一般为线圈横列方向向正面卷边，线圈纵行方向向反面卷边。

3. 延伸性与弹性

针织物具有较大的延伸性和弹性，非常抗皱，可以随人体的活动而自行扩张和收缩，穿着更贴身舒适，这也是针织物和机织物的主要区别所在。延伸性就是指针织物受到外力拉伸时的伸长特性，弹性就是指引起针织物变形的外力去除后回复原状的能力。

4. 线圈歪斜

针织物在自由状态下，线圈发生纵向倾斜的现象。

5. 起毛及勾丝

针织物纱线捻度较低，纱线中纤维易于滑出，容易产生起毛起球和勾丝现象。

第二节 针织物组织

一、纬编针织物组织

纬编针织物组织可分为原组织、变化组织和花色组织三类。原组织是基本组织，包括平针组织、双面罗纹组织和双反面组织。变化组织是由两个或两个以上的原组织复合而成，有变化纬平针组织、双罗纹组织等。花色组织是在原组织或变化组织的基础上，利用线圈结构的改变，或者另外编入一些色纱、辅助纱线或其他纺织原料，从而形成具有显著花色效应和不同性能的花色针织物。花色组织有提花组织、集圈组织、毛圈组织、衬垫组织以及以上组织复合而成的复合组织。

1. 纬平针组织

纬平针组织是单面组织，属于原组织。它由连续的单元线圈以一个方向依次串套而成(图 4-5)，正反两面具有不同的外观，正面较反面光洁。正面的每一线圈具有两根呈纵向配置的圈柱，形成纵条纹，反面的每一线圈都有与线圈横列同向配置的圈弧，形成横条纹。

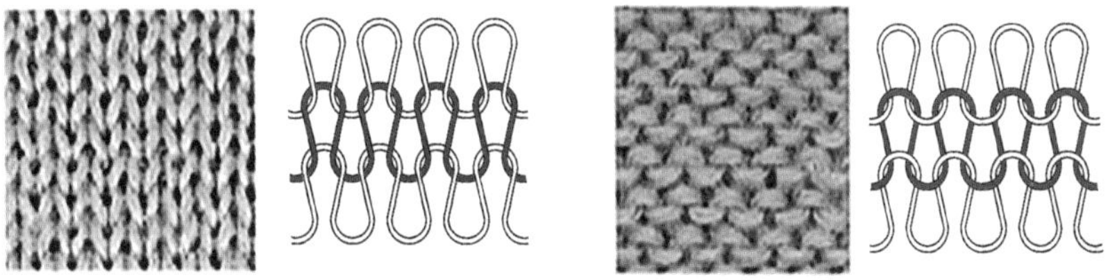

正面　　　　反面

图 4-5　纬平针组织

纬平针纵向横向都有一定的延伸性，横向比纵向更容易延伸。纬平针存在脱散性，可逆或顺编织方向脱散，也会发生卷边，还会产生线圈纵向的歪斜。纬平针组织广泛用于内衣、运动衣裤、羊毛衫、袜类和手套等。

2. 罗纹组织

罗纹组织是双面组织，属于原组织。它由正面线圈纵行和反面线圈纵行以一定的组合相间配置而成。罗纹组织的种类很多，它取决于正反面线圈纵行数的不同配置。如正、反面线圈纵行 1 隔 1 配置的称为 1+1 罗纹组织，3 隔 2 配置的称为 3+2 罗纹组织(图 4-6)，5 隔 3 配置的称为 5+3 罗纹组织等。

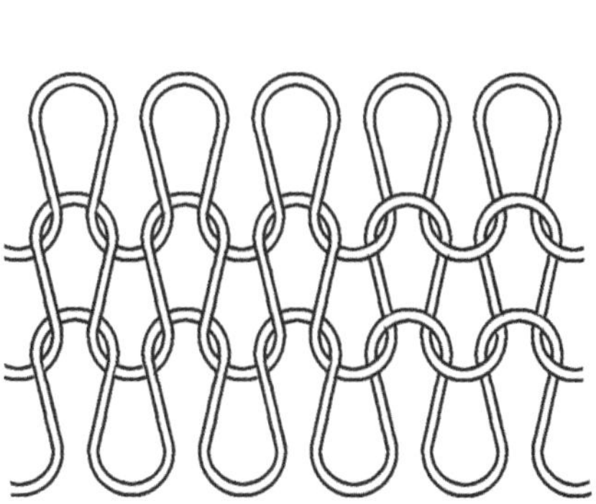

图 4-6　3+2 罗纹组织

罗纹组织的最大特点是具有较大的横向延伸性和弹性，优于其他任何组织。例如 1+1 罗纹结构(图 4-7)，左图为自由状态时的结构，右图为横向受拉伸时的结构，罗纹组织的正反面线圈不在同一平面上，因而沉降弧由前到后，再由后到前，把正反面线圈相连，沉降弧发生较大弯曲与扭转，由于纱线的张力作用，使罗纹组织中相同的线圈纵行相互靠近。

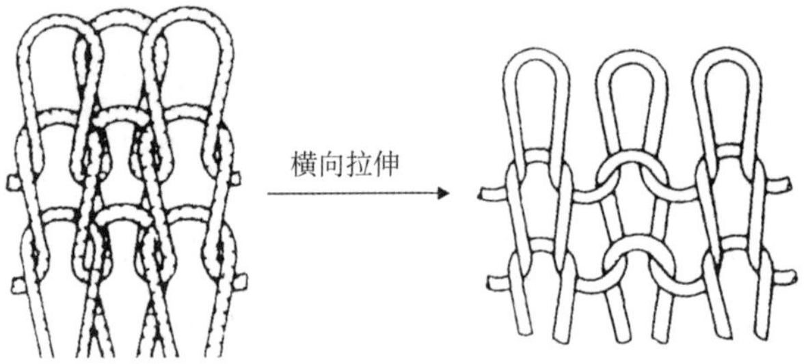

图 4-7　1+1 罗纹组织

罗纹织物的完全组织越大，则横向相对延伸性就越小，弹性也越小。如 1+1 罗纹的延伸性和弹性就比 2+1、2+2 等罗纹要好。罗纹组织也有脱散现象，如 2+2、2+3 等罗纹组织，线圈除能逆编织方向脱散外，还可沿纵行顺编织方向脱散 1+1 罗纹。正反面线圈纵行数配置相同的基本不卷边，纵行数配置不同的会发生卷边。

罗纹组织广泛用于领口、袖口、裤口、下摆、袜口、贴身或紧身的弹力衫裤等。

3. 双反面组织

双反面组织是由正面线圈横列和反面线圈横列相互交替配置而成，属于原组织。例如 1+1 双反面组织（图 4-8），就是由一个正面线圈横列和一个反面线圈横列相互交替而成，配置不同的正面线圈和反面线圈横列数，就能得到多种双反面组织。双反面组织的两面都有线圈的圈弧突出在表面，圈柱凹陷在里面，织物的正反面都像纬平针的反面，所以叫双反面组织。可分为平纹双反面织物和花色双反面织物。平纹双反面织物常用 1+1、1+2、1+3 等反面组织，花色双反面织物有各种花纹效应。

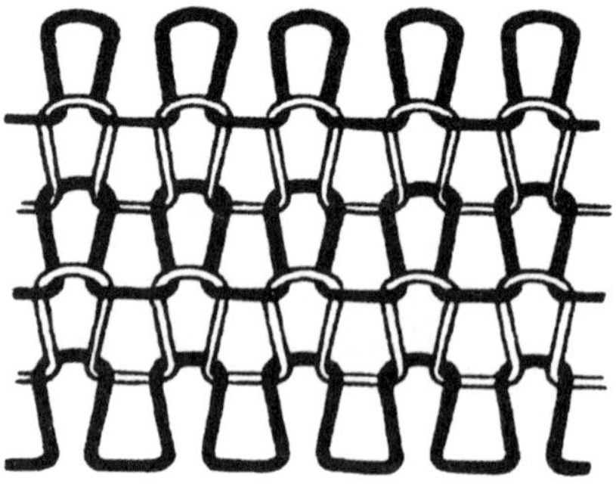

图 4-8　双反面组织

双反面组织纵向具有较大的延伸性和弹性，纵横向延伸度相近。卷边性随正反线圈横列组合不同而不同，如果将正面、反面线圈横列以不同的组合配置就可以得到各种凹凸花纹。双反面组织也存在脱散性，可逆、顺编织方向脱散。

双反面组织及其双反面组织形成的花色组织广泛用于婴儿服、童装、运动衫、羊毛衫等成形服装。

4. 双罗纹组织

双罗纹组织是由两个罗纹组织彼此复合而成，即在一个罗纹组织的线圈纵行之间，配置另一个罗纹组织的线圈纵行，织物的两面全部为正面线圈，是罗纹组织的变化组织，俗称棉毛组织（图 4-9），通常由专门的双罗纹机编织。由于双罗纹组织是由相邻的两个成圈系统形成的一个线圈横列，因此在同一横列上的相邻线圈在纵向彼此相差半个圈高。

双罗纹组织的延伸性和弹性都比罗纹组织小，但织物厚实，表面平整，尺寸比较稳定，不卷边。双罗纹组织的脱散性和罗纹组织一样，只能逆编织方向脱散。当个别线圈脱散时，会受到另一罗纹组织的摩擦阻碍，因而脱散性较罗纹组织小。

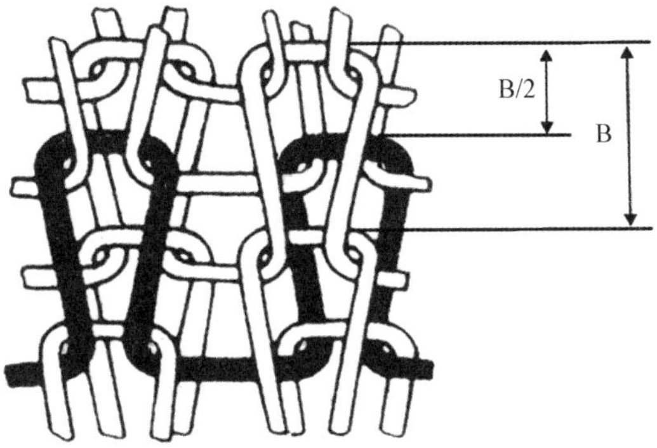

图 4-9　双罗纹组织

双罗纹组织的两层线圈之间存在间隙，形成了空气层，保暖性较好，广泛作用于春、秋冬季的棉毛衫、裤，还可用于休闲服、运动装等。

5. 提花组织

提花组织是将纱线垫放在按花纹要求所选择的某些织针上进行编织成圈，未垫放新纱线的织针不编织新线圈也不进行脱旧线圈，新纱线形成的浮线处于不编织的织针后面，这样提花组织的每个提花线圈横列就有两个或两个以上的成圈系统(图 4-10)。

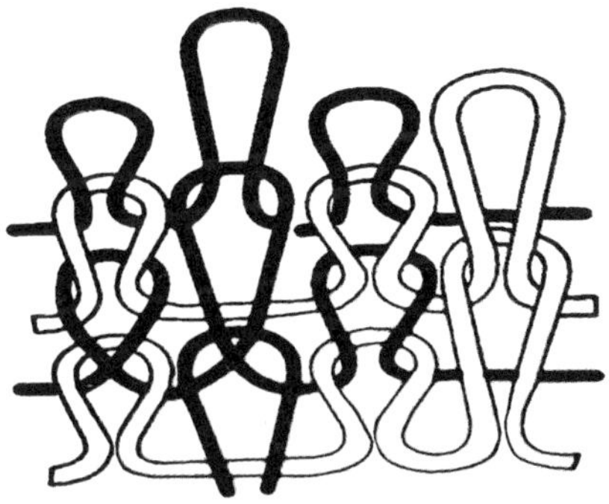

图 4-10　一种提花组织

提花组织有单面和双面之分，单面提花组织是在单面组织基础上进行提花编织，双面提花组织是在双面组织基础上进行提花编织。双面提花组织大多数采用一面提花，另一面作为织物的反面。

提花针织布花纹清晰、图案丰富、质地厚实、结构稳定、延伸性和脱散性较小、手感柔软而有弹性，通常会用于针织外衣面料。

6. 集圈组织

集圈组织是由线圈和悬弧构成的花色组织，这种组织的某些线圈上除套有一个拉长线圈外，还有一个或几个未封闭的悬弧(图 4-11)。

纬编集圈组织的花色较多，利用集圈线圈的排列和不同色彩的纱线，可使织物表面产生图案、闪色、孔眼以及凹凸等效应，广泛用于外衣织物生产。

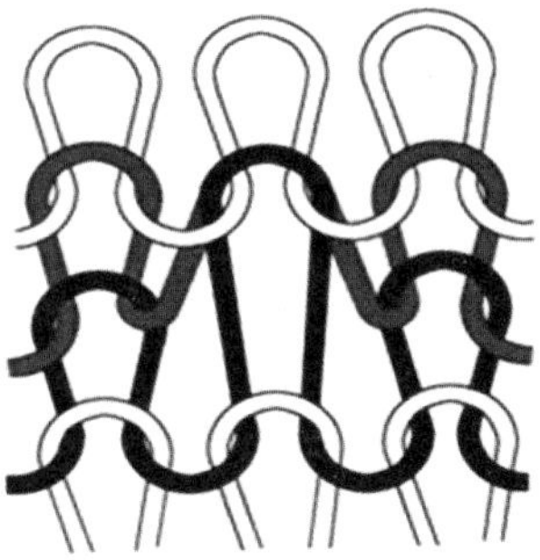

图 4-11　集圈组织

图 4-12　添纱组织

7. 添纱组织

添纱组织的全部线圈或部分线圈是由两根或两根以上纱线组成的花色组织(图 4-12)。添纱组织中,一个添纱线圈中的两根(或两根以上)纱线分别处于织物的正面或反面。处于织物正面的为面纱或添纱,处于织物反面的为地纱。面纱和地纱可以是不同颜色、不同结构、不同光泽或不同性能的纱线,形成多种风格的添纱组织面料。例如面纱用丝,地纱用棉,就能得到丝盖棉针织物。如果在适当位置交换面纱和地纱,就能形成色彩或原料变化的图案或花纹,称为变换添纱针织物。如果在适当部位只用一根纱线编织,就会在局部产生薄透的网眼效果,称为架空添纱针织物。

添纱组织常用于内衣、运动衣、休闲服装等面料。

8. 衬垫组织

衬垫组织是一种花色组织,是以一根或几根衬垫纱按一定间隔在线圈上形成悬弧,而在其余的线圈上呈浮线停留在织物反面(图 4-13)。衬垫组织的地组织通常用平针组织和添纱组织等。衬垫组织主要用于绒布生产,对衬垫纱线进行拉毛,就能产生短绒,增加保暖性,绒布可用于绒衣绒裤、童装、休闲服、T 恤衫等。

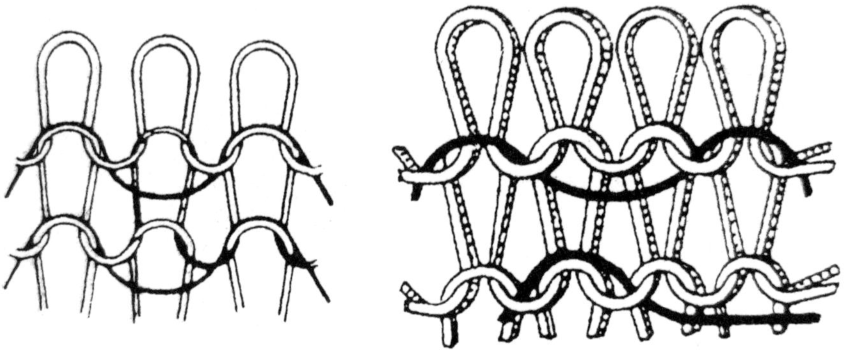

图 4-13　以平针为地组织的衬垫组织与以添纱组织为地组织的衬垫组织

9. 毛圈组织

毛圈组织是由平针线圈和带有拉长沉降弧的毛圈线圈组合而成的花色组织(图 4-14),它是用一种纱线编织地组织线圈,另一种纱线编织毛圈线圈。毛圈组织针织物比较柔软和厚实,有良好的吸湿性和保暖性,广泛用于内、外衣和家用织物。

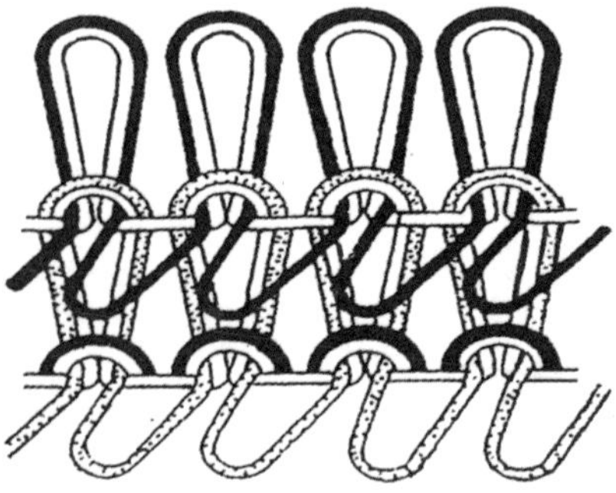

图 4-14　毛圈组织

二、 经编针织物组织

经编针织物组织有单梳经编组织和多梳经编组织。单梳经编组织花纹效应少，织物的覆盖性和稳定性差，加上线圈产生歪斜，很少单独使用，但它是多梳经编组织的基础。

1. 编链组织

编链组织是指每根纱线始终在同一枚织针上垫纱成圈的组织(图 4-15)。根据垫纱方式可分闭口编链和开口编链两种形式。编链组织各线圈纵行间没有联系，不能成为一块织物，不能单独使用，一般与其他组织复合成经编织物，并且结构紧密，纵向延伸性小，纵向强力大，横向收缩小。

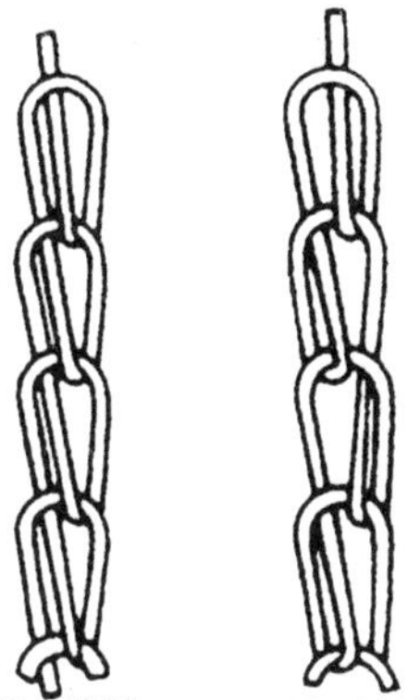

图 4-15 编链组织

2. 经平组织

经平组织的特点是同一根纱线所形成的线圈交替排列在相邻两个纵行线圈中(图 4-16)。线圈形式可以是开口的或闭口的。织物的正反面都呈现菱形的网眼，纵、横向都具有一定的延展性。当一个线圈断裂时，线圈会沿着纵向逆编方向脱散，使织物分成两片。

经平组织可以变化为经绒组织，特点是同一根纱线的线圈间隔一纵行交替排列，也称为三针经平组织(图 4-17)。同理，也有四针经平组织，又称为经斜组织(图 4-18)。

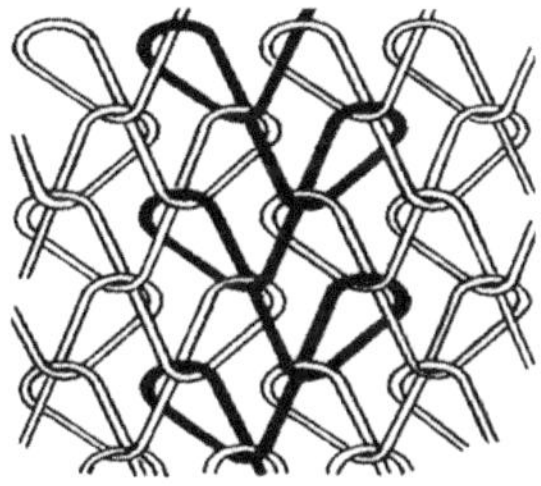
图 4-16 经平组织

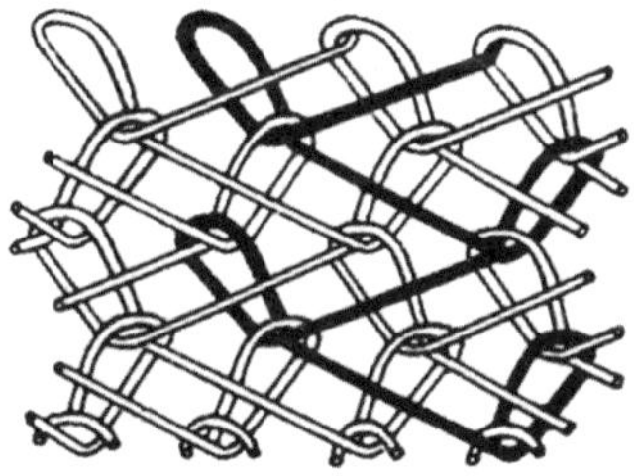
图 4-17 经绒组织

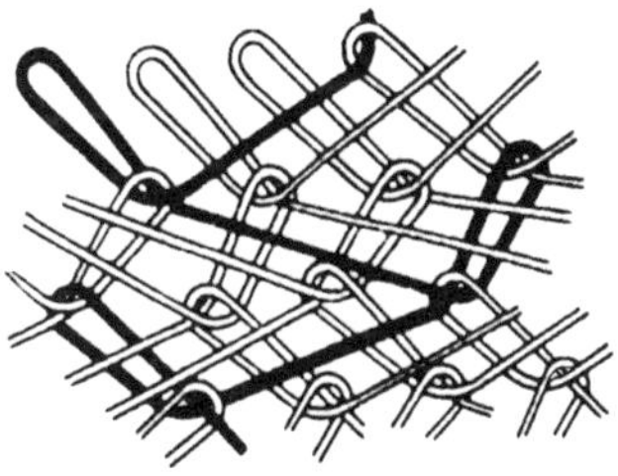
图 4-18 经斜组织

3. 经缎组织

经缎组织的特点是每根经纱有顺序地在许多相邻纵行内构成线圈，并且在一个完全组织中有半数的横列线圈向一个方向倾斜，而另外半数的横列线圈向另一个方向倾斜，逐渐在织物表面形成横条纹效果(图 4-19)。经缎组织织物中一根纱线断裂时，也会有逆编织方向脱散的现象，但不会分成两片。

图 4-19 经缎组织

图 4-20 经绒编链组织

多梳经编组织比较复杂，常见有经平绒和经绒平组织、经平斜和经斜平组织、经绒编链组织（图 4-20）、经斜编链组织等。此外，还有双面经编组织，如双罗纹经编组织等。

第三节　常见针织物面料

一、纬编针织物

纬编针织物具有柔软、透气、良好的延伸性和弹性等许多优点，使用的原料也非常广泛，有天然纤维（如棉、麻、毛、丝等）、化学纤维（如涤纶、腈纶、丙纶等）、复合纤维（如涤锦复合丝）以及新型纤维（如莫代尔纤维、大豆纤维、牛奶纤维）等，可以直接编织成坯布，也可以直接编织成服装或服装部件等。纬编针织物与人体贴合性好，是内衣以及运动服装的优良材料。

1. 汗布

汗布是一种薄型纬平针织物，布面光洁、纹路清晰、质地细密、手感滑爽，纵、横向具有较好的延伸性，且横向比纵向延伸性大，吸湿性与透气性较好，一般用于制作各种 T 恤衫、汗衫（图 4-21）、睡衣睡裤等。

汗布有许多品种，如漂白处理过的漂白汗布，增白剂处理的特白汗布，碱缩处理的精漂汗布，烧毛和丝光处理的烧毛丝光汗布，染色加工的素色汗布，印花加工的印花汗布，多种颜色纱线织造的彩横条汗布，蓝白双色织造的海军条汗布等。

图 4-21　汗布汗衫

图 4-22　针织罗纹袖口

2. 罗纹针织物

罗纹针织物的正反面有纵向凹凸条纹，横向拉伸时具有较大的延伸性和弹性，并且不会出现卷边现象。罗纹针织物的线圈纵行的组合不同，凹凸条纹宽窄也不同。一般采用纯棉、纯化纤或混纺纱线，纱线细度通常为 14～28 tex。罗纹针织物具有较好的弹性，常用于夏季内衣、针织服装领口或袖口（图 4-22）、游泳衣等。

罗纹针织物如果采用氨纶与棉纱交织，叫做氨纶罗纹针织物，弹性更大，可用于服装弹性部位。罗纹组织与纬平针组织复合可以编织出具有空气层的针织物，叫做米兰罗纹针织物，它在编织一个罗纹横列后再编织一个正反面单面线圈组成的空气层横列，其弹性不如罗纹针织物，但尺寸稳定性好，可以用于外衣服装等。此外，还有提花罗纹针织物、复合罗纹针织物等。

3. 双罗纹针织物

棉毛衫裤用的就是双罗纹针织物（图 4-23），双罗纹针织物正反面外观都与纬平针组织的正面相同，表面平整，不卷边，脱散性小，并且只会沿逆编织方向脱散，延伸性和弹性都比罗纹组织小，但保暖性好。原料大多采用 14～28 tex 的棉纱，也有用腈纶、棉腈混纺、涤棉混纺等纱线的。产品常用于棉毛衫裤、运动衫裤等。

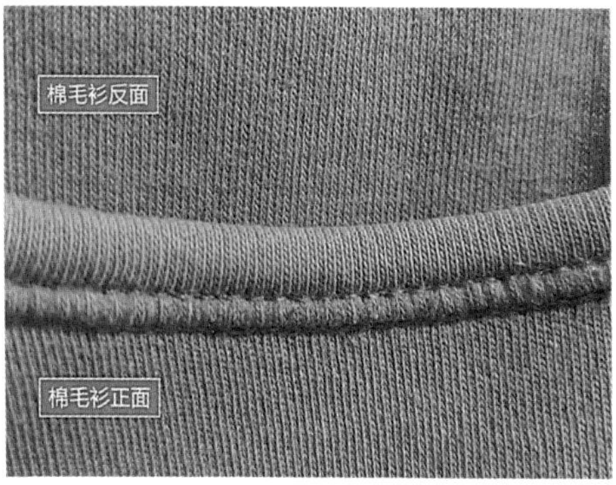

图 4-23　棉毛衫

（1）棉毛布

棉毛布是双罗纹针织物，纵向纹路清晰，织物丰满保暖性好。棉毛布通常选用 14.5 tex、18.5 tex、28 tex 的棉纱织造，编织后不经漂染加工的棉毛布叫本色棉毛布；编织后进行印花加工的叫印花棉毛布；色纱编织的叫彩色棉毛布。棉毛布编织时如果有规律地停止一些织针工作，布面上就会形成纵向凹凸条纹，叫抽条棉毛布；编织中在局部有规律地配置集圈线圈，在布面上形成凹凸纹网眼，叫凹凸纹网眼棉毛布。本色棉毛布常用于棉毛衫裤等内衣，其他棉毛布可用于衬衣、外衣等。

（2）法兰绒针织物

法兰绒针织物，外观酷似法兰绒，是用两根涤腈混纺的混色纱、双罗纹组织编织的棉毛布，再经缩绒、起毛形成的织物。混色主要是黑白混色形成的不同深浅的灰色，也有其他颜色。法兰绒针织物手感柔软，绒面细腻丰满，保暖性好，常用于西裤、上衣和童装等。

（3）涤纶针织灯芯条

涤纶针织灯芯条通常用涤纶低弹丝以变化双罗纹组织编织。编织时每隔若干纵行线圈抽 1～2 针，从而使布面呈现宽窄不等、凹凸不平的直向条纹。涤纶针织灯芯条织物凹凸分明，手感厚实饱满，弹性和保暖性良好，常用于男女上装、套装、风衣等。

（4）港型针织呢绒

港型针织呢绒是采用高级羊绒与涤纶丝、双罗纹组织与集圈组合编织的。它利用集圈位置交替和数量上的变化，使织物呈现各种图案的网眼外观或使织物产生凹凸纹效果，有双层立体感，透气性好，弹性优良。用较粗纱线编织的常用于上装，用较细纱线编织的常用于衬衣等。

4. 衬垫针织物

衬垫针织物是一种采用衬垫组织织造的花色针织物。地组织可以采用纬平针组织、添纱组织、集圈组织、罗纹组织等。地纱一般选用中特纱线（14～28 tex），衬垫纱线根据织物厚度选用 1 根或 2 根较粗的纱线（28～96 tex），衬垫纱的悬弧和浮线所占的针距数可以按 1∶1、1∶2 或 1∶3 等比例垫放，浮线方向可以右斜、左斜、直式配置。改变衬垫纱的颜色和垫纱方式可以形成色彩效应和凹凸效应。衬垫织物的横向延伸性较小，衬垫纱较粗，织物反面较粗糙，可以用于运动服、劳动服等。

用衬垫组织配合后整理工艺可以生产起绒针织物（图 4-24），起绒针织物的表面具有一层稠密短细绒毛，手感柔软，厚实保暖，有单面绒和双面绒两种。单面绒是对衬垫针织物（衬垫纱捻度要小、细度要粗）的反面拉毛起绒，分为厚绒、薄绒和细绒；双面绒是对双面针织物的两面拉毛起绒。

衬垫组织的起绒针织物主要有以下几种：

粗绒布，又称1号绒布，是最厚的起绒针织物，单位面积干燥质量为545～570 g/m^2。一般为纯棉或腈纶产品，绒面疏松，保暖性好。

薄绒布，又称2号绒布，单位面积干燥质量纯棉薄绒布为370～390 g/m^2，腈纶薄绒布为380 g/m^2 以下。纯棉薄绒布柔软，腈纶薄绒布色泽鲜艳，绒毛均匀，缩水率小。

细绒布，又称3号绒布，绒面较薄，布面细洁美观。单位面积干燥质量纯棉细绒布为270 g/m^2，腈纶细绒布为220 g/m^2。

骆驼绒，也是一种起绒针织物，地纱用棉纱，绒纱用毛纱或毛黏混纺纱或腈纶纱，起绒后绒毛丰满，外观与骆驼的绒毛相似，故名。一般作衬里使用。

针织灯芯绒，编织衬垫组织时，衬垫纱采用直垫方式，有规律地形成纵向条纹，拉绒后形如灯芯绒。

图 4-24　一种针织绒布

图 4-25　一种毛圈布

5. 毛圈针织物

织物的一面或两面有环状纱圈（即毛圈）覆盖的针织物（图 4-25），属于花色针织物。有单面毛圈布和双面毛圈布两种，可以是素色或花色的，也可以进行剪毛刷花整理形成绒织物。

（1）单面毛圈布

单面毛圈布的一面竖立着均匀分布的环形纱圈，也叫单面毛巾布。它是由平针线圈和具有拉长沉降弧的毛圈线圈组合而成。单面毛圈布手感柔软，质地厚实，具有良好的延伸性和弹性、抗皱性、保暖性、吸湿性，常用于睡衣、浴衣、T恤衫等。

（2）双面毛圈布

双面毛圈布的两面都竖立着环状纱圈，也叫双面毛巾布。它是由平针线圈或罗纹线圈与带拉长沉降弧的毛圈线圈一起组合而成。织物的两面的毛圈如果使用不同性能或不同色彩的纱线编织，可以得到不同性能或不同风格的毛圈布。双面毛圈布织物厚实，毛圈松散，能储存较多的空气，具有良好的保暖性和吸湿性，常用于浴衣、婴儿服等。

（3）提花毛圈布

提花毛圈布的毛圈按照花纹的要求进行编织并覆盖在织物表面，产品一般是用单面毛圈布提花。提花毛圈布手感松软，花纹具有立体感，延伸性、弹性、抗皱性等都较好，常用于睡衣、浴衣、T恤衫等。

（4）天鹅绒针织物

天鹅绒针织物的一面由直立的纤维或纱线形成的绒面覆盖，绒毛细密蓬松，手感柔软，织物厚实，色光柔和，不易起皱，坚牢耐磨，常用于外衣、女士晚礼服、旗袍等。

(5) 刷花绒针织物

刷花绒针织物是把天鹅绒针织物进行热刷形成的绒面花式效应的一种针织物。热刷是指用高速回转的转刷透过滚筒壁上的花孔，将绒毛刷起，同时进行热定型，刷起的绒毛保持直立，未刷起的绒毛保持倒伏，这样就能形成花纹效应。

刷花绒针织物质地柔软，绒面丰满，花型立体，光照下时隐时现，图案变幻莫测，延伸性和弹性好，常用于女时装、裙装、旗袍等。

6. 集圈针织物

集圈针织物的一些线圈上，除套有封闭的线圈外，还有一个或几个未封闭的悬弧，表面呈现网眼或小方格的外观效应，有单面集圈织物和双面集圈织物。集圈针织面纵密大，横密小，较平针和罗纹组织厚实，脱散性较平针组织小。

(1) 单面集圈针织物

单面集圈针织物表面有孔眼形成的花纹或者悬弧形成的网状外观，常用涤纶低弹丝、锦化弹力丝或纯棉及涤棉混纺纱线编织，单面集圈针织物，一般较薄，透气性好，弹性、延伸性、脱散性等比平针小，常用于T恤衫、女时装等。

(2) 针织乔其纱

针织乔其纱是用细旦或超细旦涤纶低弹丝、PBT/PET并列复合丝、解编变形丝、高收缩涤纶丝等为原料，采用单面集圈组织和平针线圈结合的方法形成的具有仿真丝乔其纱风格的织物。解编变形纱即编结—解编变形纱，是用编织解编法加工制得的变形纱，它是将原丝条用针织机编结成圆形针织坯布，通过机上专门的热定形箱定形后，再解编，形成重复针织圈结形卷曲的变形纱。

针织乔其纱织物轻薄，布面呈现随机散布的颗粒状绉纹，布面挺刮并有一定的柔软度，弹性和抗皱性好，常用于夏季衬衫、连衣裙等。

(3) 双面集圈针织物

双面集圈针织物是采用双面集圈组织编织的针织物，比单面集圈织物厚实，常用涤纶低弹丝、锦纶弹力丝或纯棉及涤棉混纺纱线编织，弹性和延伸性、脱散性比平针织物小，常用于外衣等。

(4) 涤盖棉针织物

涤盖棉针织物是一种双罗纹与集圈的复合织物，织物的一面呈现涤纶线圈，另一面呈现棉纱线圈，中间通过集圈加以连接。涤盖棉的正面以涤纶为主，反面以棉为主，表面挺刮抗皱，耐磨坚牢，里面贴身柔软，吸湿透气，常用于运动服、夹克衫、休闲服装等。

7. 摇粒绒

摇粒绒是采用单元宝针结构编织的针织物，编织完成后还需要染色、拉毛、梳毛、剪毛、摇粒等工序加工处理。单元宝针是指罗纹与集圈的复合组织，也称半畦编组织，织物的一面都是单列集圈，另一面都是平针线圈，与悬弧相连邻的线圈因纱线的弹力作用呈现圆形，织物的表面会呈现圆形的平针线圈。摇粒绒(图4-26)正面拉毛，摇粒蓬松密集且不易掉毛和起球；反面拉毛稀疏匀称，绒毛短少，组织纹理清晰，蓬松弹性特好。

图4-26　一种摇粒绒

摇粒绒一般是全涤纶的，纱线可以是涤纶短纤纱、涤纶低弹丝、有光涤纶丝等，除普通摇粒绒外，还有颜色丰富的印花摇粒绒、带有纵向绒条的抽条摇粒绒、花型别致的提花摇粒绒、绒面凹凸不平的压花摇粒绒等。

摇粒绒手感柔软，耐磨耐穿，保暖性好，常用于御寒服装等。

8. 衬经衬纬针织物

衬经衬纬针织物是在纬编基本组织上衬入不参加编织的纬纱和经纱形成的织物，经纱位于线圈的沉降弧和衬纬纱之间，衬纬纱位于线圈的圈柱和衬经纱之间，经纬纱线限制了织物纵横向的延伸，弹性减少。织物风格兼有针织物和机织物的特点，手感柔软，透气性好，尺寸稳定性提高。

衬经衬纬针织物可以单独衬入纬纱，则称为衬纬针织物。如果衬入的是氨纶，则弹性会增加。

9. 移圈针织物

移圈针织物是将某些线圈转移到相邻线圈的纵行而形成的针织物（图 4-27）。移圈方式不同，可以形成孔眼、绞花以及凹凸花纹等效应，移圈会降低织物的牢度。移圈针织物主要品种有纱罗组织针织物、波纹针织物、菠萝组织针织物等。

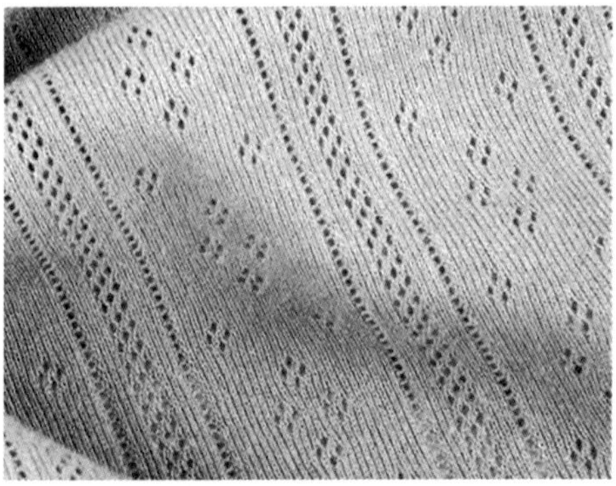

图 4-27　一种移圈针织物

10. 畦编针织物

畦编针织物是在织物的两面交替进行集圈编织，织物的两面都会呈现均匀的圆形平针线圈，属于双面集圈织物。常用的纱线为各种动物毛纱、腈纶仿毛纱等，畦编针织物较厚实，横向延伸性与脱散性较小，常用于羊毛衫的编织等。

如果一面都是单列集圈，另一面都是平针线圈，称之为半畦编针织物。该种织物悬弧相连邻的线圈因纱线的弹力作用呈现圆形，织物的表面会呈现圆形的平针线圈。

11. 双反面针织物

双反面针织物是由一根纱线依次在正面和反面形成线圈纵行外观的针织物。它的正反面都呈现反面线圈，可分为平纹双反面织物和花色双反面织物。平纹双反面织物常用 1＋1、1＋2、1＋3 等反面组织，花色双反面织物有各种花纹效应。双反面针织物一般采用粗或中粗毛纱、毛型混纺纱、腈纶纱和弹力锦纶丝等，常用于婴儿服、童装、运动衫、羊毛衫等成形服装。

二、经编针织物

经编针织物是将一组或几组平行排列的纱线沿着经向顺序成圈并且相互串套连接形成的针织物。经编针织物具有横向弹性与延伸性好，纵向尺寸稳定，质地柔软，脱散性小，透气好等特点。

经编针织物可分为单面经编织物和双面经编织物。双面经编织物的两面均显露线圈圈干，单面经编织物只有一面显露线圈圈干，另一面显露延展线。经编织物有单梳织物和多梳织物，单梳织物只用一组纱线，每个线圈只由一根纱线构成；多梳织物用多组纱线，可以构成图案复杂的花边织物。普通经编织物一般用2～4组纱线，以编链组织、经平组织、经缎组织、经斜组织等编织而成。花式经编织物种类繁多，有网眼织物、纵向绣纹织物、褶裥织物、单面毛圈织物、双面毛圈织物等。尺寸稳定性好的经编织物可作外衣，轻薄的可作内衣，衬氨纶的可作紧身衣等。

1. 经编网眼织物

经编网眼织物是表面分布有一定规律网孔的针织物，孔形有方形、圆形、菱形、六角形、垂直柱条形、纵向波纹形等(图4-28)，孔眼分布均匀对称，孔眼可大可小。经编网眼织物原料可以是各种纤维，经编网眼织物布面结构松散，具有一定的延伸性和弹性，透气性好，常用于外衣、内衣、运动服装等面料或里料。

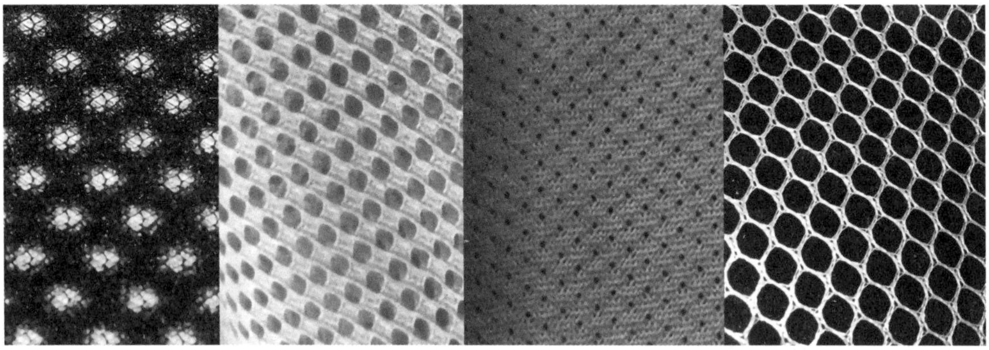

图4-28　几种网眼布

2. 经编斜纹织物

经编斜纹织物是表面具有连续斜纹图案的针织物，斜纹是由与线圈纵行成一定角度并按一定间隔规律配置的斜向凸条和凹条形成的，斜纹条宽度有窄有宽，斜纹条倾斜方向有右斜和左斜。原料以合成纤维为主，经编斜纹织物布面结构稳定，手感厚实，外观丰满，有的具有毛呢感风格，常用于外衣、裙子等。

3. 经编毛圈织物

经编毛圈织物是表面具有环状线圈覆盖的针织物，它是用一种纱线编织地组织线圈，另一种纱线编织表面毛圈线圈，毛圈的高度通常为1～10 mm，最高可达17 mm，毛圈形状有螺旋状的，也有一般圈弧状的。可分为单面毛圈和双面毛圈两类，单面毛圈织物只有一面有毛圈，毛圈高度均匀一致；双面毛圈织物两面都有毛圈，两面毛圈高度可以不同，但每一面各自的毛圈高度都相同。经编毛圈织物结构稳定，外观丰满，毛圈坚牢均匀，具有良好的弹性、保暖性、吸湿性，布身柔软厚实，无褶皱，不会产生抽丝现象，常用于童装、睡衣、运动服、海滩服等。

4. 经编起绒织物

经编起绒织物是表面具有耸立或平整的紧密绒毛的针织物，按结构可分为局部衬纬起绒和经平绒起绒两种，可以单面起绒，也可以双面起绒。经编起绒织物布身结构紧密，外观酷似呢绒，手感柔软挺刮，悬垂性好，常用于风衣、礼服等。

5. 经编灯芯绒织物

经编灯芯绒织物是表面具有灯芯条状的针织物，分为拉绒灯芯绒和割绒灯芯绒两种。经编灯芯绒质地厚实，外观与纬编灯芯绒相似，绒条清晰，保暖性好，弹性和绒毛稳定性比机织灯芯绒好，常用于外衣裤等。

6. 经编丝绒织物

经编丝绒织物有平绒、横条绒、直条绒和色织绒等种类，织物表面绒毛浓密耸立，手感厚实丰满，柔软富有弹性，保暖性好，常用于冬季服装等。

7. 经编骆驼绒

经编骆驼绒是用棉纱作地纱，毛纱或毛黏混纺纱作衬纬，拉毛后形成的毛绒针织物。经编骆驼绒厚实丰满，弹性和保暖性好，常用于保暖服装的面料或里料。

8. 经编提花织物

经编提花织物是指在几个横列中不垫纱又不脱圈而形成拉长线圈的针织物。经编提花织物结构稳定，手感挺刮，表面花纹效应显著，立体感强，外观优美，常用于女装外衣、内衣、裙子等。

9. 经编花边织物

经编花边织物是由衬纬纱线在地组织上形成较大衬纬花纹的针织物。花边织物的地组织多为网孔形，坯布质地轻薄，柔软而有弹性，悬垂性好，花纹明显，花型大方高雅，常用于女装、童装的装饰部件等。

10. 拉舍尔花边织物

采用拉舍尔织机编织的针织物都叫拉舍尔织物，产品主要有花边针织物、网眼织物、单面织物、双面织物、割绒织物等。其中拉舍尔花边的地组织用长丝编织成六角网眼、格子网眼、变化网眼，花纹图案是用衬纬或其他经编组织构成的。拉舍尔花边织物质地轻薄，花纹突出，透光性好，常用于内衣内裤、女士胸衣、服装装饰物等。

第五章

钟灵毓秀的裘革

动物毛皮可能是人类最早使用的服装面料，大约 30 万年前人类开始使用兽皮御寒，旧石器时代中期人类开始穿着缝制的兽皮。此时使用的都是生皮（从动物身上剥下来未经处理的皮），生皮不仅粗硬而且含有多种微生物，并不适合制作服装。距今 3 000 多年前商朝末期的比干发明出了制裘鞣制技艺，鞣制能改变动物毛皮的蛋白质结构，使其具有良好的服装性能，鞣制后的毛皮叫熟皮，因此比干也被后人奉为“中国裘皮的鼻祖”。

裘革是指裘皮和皮革。裘皮是指带毛鞣制而成的动物毛皮，皮革是指经过脱毛鞣制的并且不易腐烂的动物皮板。

第一节 安富尊荣的裘皮

一、天然裘皮

裘皮也被称为毛皮或皮草。裘皮制作的服装抗寒保暖性好，穿着既舒适又美观，具有华丽高贵的气质。

天然裘皮由毛被和皮板构成。毛被包括锋毛、针毛、绒毛三种，动物种类不同，组成比例也不同。锋毛最粗最长，弹性好，决定外观光泽和防水性能；针毛比锋毛短，比绒毛长，起防湿和保护绒毛作用，决定毛皮的耐用程度；绒毛最短且细，数量最多，决定毛皮的防寒性能。皮板是由表皮层、真皮层和皮下层组成的，真皮层占全皮厚度的90%～95%，表皮层和皮下层在制革过程中会被去除。天然毛皮是冬季防寒服装的理想材料，通常被分为小毛细皮、大毛细皮、粗毛皮和杂毛皮四类。

1. 小毛细皮

小毛细皮属于高档毛皮，毛皮张幅小、毛短、细密柔软，来自于体型较小的动物，如紫貂、扫雪、水獭、海龙、黄鼬、灰鼠、银鼠、麝鼠、海狸、艾虎、猸子等。小毛细皮常用于大衣、衣领、帽子、围巾等。

(1) 紫貂皮

野生的紫貂全身为棕黑色或褐色，紫貂体长约 40 cm，体重约 1 kg，尾长 12 cm，寿命 8～15 年，是中国东北三宝之一，属于国家一级重点保护野生动物。

紫貂皮毛被呈棕褐色，针毛色泽光润并夹有银白色针毛，绒毛细密丰厚，皮板坚韧细腻轻薄，有“裘皮之冠”和“裘中之王”的美誉。

紫貂禁止私人饲养，饲养的紫貂有黑、白、蓝、黄等颜色。

(2) 水貂皮

水貂体毛为黄褐色，雄性体长约 40 cm，尾长约 20 cm，体重 1.6～2.2 kg，雌性较小，属于国家二级保护动物。

水貂皮皮板坚韧富有拉力，坚韧轻薄，毛被细密丰厚，色调淡雅美观，是珍贵的高级裘皮。水貂皮、狐狸皮与三北羔皮，是世界裘皮市场的三大支柱商品。

(3) 水獭皮

水獭体背和尾部为棕黑或咖啡色，腹部为浅棕色。水獭体长 56～80 cm，尾长 30～40 cm，属于国家二级保护动物。

水獭皮皮板坚韧，柔软绵延；针毛粗糙(加工时可拔除)，绒毛均匀稠密，松软细柔，耐穿耐磨；毛被色泽美观，有深褐和褐色，也可以通过染色加工或漂色达到色彩丰富的效果。

(4) 扫雪皮

扫雪，又称白鼬、石貂、短尾黄鼠狼、短尾鼬，体形似黄鼬，身体细长，四肢短小。白鼬毛色随季节变化而改变，夏季身体背面和腹面颜色不同，背面为棕灰色，腹面为白色，冬季全身为纯白色，只有尾端为黑色。扫雪体重约 1 kg 左右，长度 40 cm，尾长约 25 cm。

扫雪皮与紫貂皮酷似，都属高档裘皮，但皮板与毛被都有差异。扫雪皮板颜色白，毛被针毛较长且稀疏，全身针毛呈棕色，中脊黑棕色，绒毛乳白色或灰白色。扫雪皮外观光润华美，特别适宜做女装披肩。

（5）灰鼠皮

灰鼠就是松鼠，体长 23～27 cm，尾巴比身体长一倍多，雌性比雄性稍重。夏毛一般为黑褐色或赤棕色，冬毛多呈灰色、烟灰色或灰褐色，腹毛为白色；尾毛多而且蓬松，常朝向背部反卷。

灰鼠皮皮板坚实，毛绒细密灵活，色泽光润，保暖美观。"灰背"大衣，"灰肷"大衣都是用灰鼠皮制作的。

（6）黄鼬皮

黄鼬俗称黄鼠狼，黄鼬体长 28～40 cm，尾长 12～25 cm，体重 210～1 200 g。黄鼬的毛色从浅沙棕色到黄棕色，色泽较淡，针毛长 25～29 mm，绒毛长 15～18 mm，冬季尾毛长而蓬松，夏秋毛绒稀薄。

黄鼬皮针毛峰尖细软，光泽极好，绒毛短小稠密，针毛与绒毛层次分明，皮板坚韧厚实。拔除针毛染色后的黄鼬皮又被称为黄狼绒。

2. 大毛细皮

大毛细皮也属于高档毛皮，张幅比小毛细皮大些、毛长也相对较大，来自于体型稍大些的动物，如狐皮、貉子皮、猞猁皮、獾皮、狸子皮、青猺皮等。大毛细皮常用于大衣、斗蓬、皮领、皮帽、围脖、披风等。

（1）狐皮

狐有红狐、银狐、蓝狐、西黄狐、白狐、十字狐、水晶狐等。狐狸皮的毛被细柔丰厚，可染成各种颜色，色泽艳丽，皮板柔韧，是裘皮中的珍品，是服装用三大裘皮之一。

红狐，也称赤狐、草狐，身长（含尾）100～140 cm。红狐皮毛长绒厚，色泽光润，是品质最佳的狐皮。

银狐，也称玄狐，基本都是人工养殖，体长 57～70 cm。银狐毛色基本为黑色，均匀掺杂白色针毛，尾端为纯白色，绒毛是灰色的。

蓝狐，又称北极狐，体长 55～70 cm，尾长 30～35 cm。蓝狐皮有白色和浅蓝色，毛长绒足，色泽光润美观，皮板厚软。

（2）貉子皮

貉子，外形像狐，体肥腿短，尾毛蓬松，基本都是人工养殖，体长 50～82 cm，尾长 17～18 cm。貉子皮针毛为黑色，有时带灰尖，绒毛呈青灰色，毛尖呈褐色，毛被总体为灰棕色，针毛长，底绒丰厚光泽好，皮板坚韧。拔除针毛后称为貉绒皮，绒毛细密优雅。

（3）猞猁皮

猞猁外形象猫，但比猫大得多，体长 85～105 cm，尾长 20～31 cm，野生猞猁属于国家二级保护动物。猞猁皮的毛色差异较大，有灰棕色、草黄棕色至红棕色。猞猁皮毛被华美，绒厚毛大，峰毛爽亮，皮板坚韧，也属于名贵的裘皮。

（4）狸子皮

狸子，又叫豹猫、狸猫、山猫、石虎等，体长 54～65 cm，尾长 22～40 cm。狸子皮呈浅黄色或棕色，有棕黑色花斑，尾巴有大小不一的黑白环。针毛拔除后，花斑如琥珀，绚丽夺目。

3. 粗毛皮

粗毛皮属于中档毛皮，毛皮张幅大，毛长，来自于体型较大的动物，如绵羊、山羊、羔羊、狗、狼、豹等。粗毛皮常用于大衣、衣里、坎肩、帽子等。

(1) 羔皮

羔皮是指羔羊毛皮(图 5-1),有粗毛绵羊小毛羔皮、中毛羔皮、大毛羔皮、滩羊羔皮、湖羊羔皮、细毛绵羊羔皮、卡拉库尔羔皮(三北羔皮、波斯羔皮)、黑紫羔皮等。羔皮一般无针毛,色泽光润,皮板绵软耐用,较为珍贵。其中三北羔皮是羊皮中最珍贵的毛皮,毛皮具有卷曲和花纹,图案形状自然美观。羔皮一般用于外套、衣领、袖笼等。

图 5-1 羊羔皮

图 5-2 绵羊皮

(2) 绵羊皮

绵羊皮(图 5-2)分为细毛绵羊皮、粗毛绵羊皮和半细毛绵羊皮。细毛绵羊皮毛丛结构紧密,毛被表面平坦,皮板绒毛结构疏松。粗毛绵羊皮毛被为异质毛,长短不一,皮板厚壮,皮板绒毛结构紧密。半细毛绵羊皮处于上述两者之间。绵羊皮鞣制后一般制成剪绒皮,染成各种染色,酷似獭绒,常用于皮衣、皮帽、皮领等。

(3) 山羊皮

山羊皮(图 5-3)毛被半弯半直,针毛粗,绒毛丰厚,皮板柔软坚韧。小山羊皮也称为猾子皮,毛被有美丽的花弯,皮质柔软。拔针的可用作皮衣、皮帽,未拔针的用作衣领或衣里。

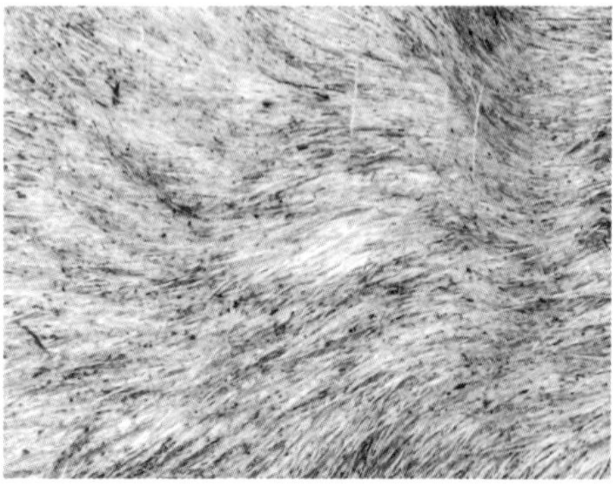

图 5-3 山羊皮

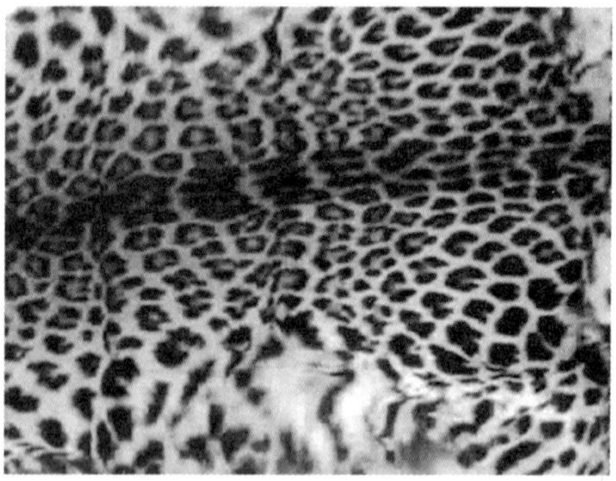

图 5-4 豹皮

(4) 豹皮

豹子有金钱豹、龟纹豹、红春豹、芝麻豹、狸豹、黑豹等,野生豹属于国家一级保护动物。豹皮(图 5-4)色泽一般为棕色,东北地区的豹皮,皮大绒厚,黑斑花纹散乱不清,色泽暗淡,毛被峰尖,毛绒较粗;云贵地区的豹皮,皮色鲜艳,斑点清晰华美,绒毛短平油亮,较为珍贵。

4. 杂毛皮

杂毛皮属于低档毛皮，皮质稍差，主要就是猫皮、兔皮等。杂毛皮可用于女装大衣、童装大衣、帽子等。

(1) 兔皮

兔有野兔、家兔、獭兔等。野兔分为草兔和山兔，草兔皮毛绒细密有光泽，皮板脆薄；山兔皮毛皮齐整，色泽光亮，皮板较薄。家兔有 60 多种，家兔皮(图 5-5)毛色杂，毛绒细密，色泽光亮，皮板薄而柔软。獭兔皮针毛较粗，光滑坚挺，且与绒毛平齐，毛被毛面平顺不倒伏，是最好的兔毛皮，毛被短而稠密，柔顺光亮，人工培育的獭兔有黑、白、蓝、棕、粉、海狸色等。兔皮常用于中低档毛皮服装及衣领、帽子等。

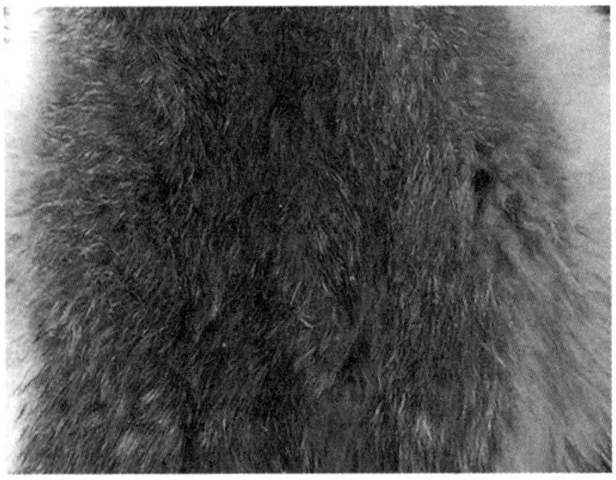

图 5-5　兔皮

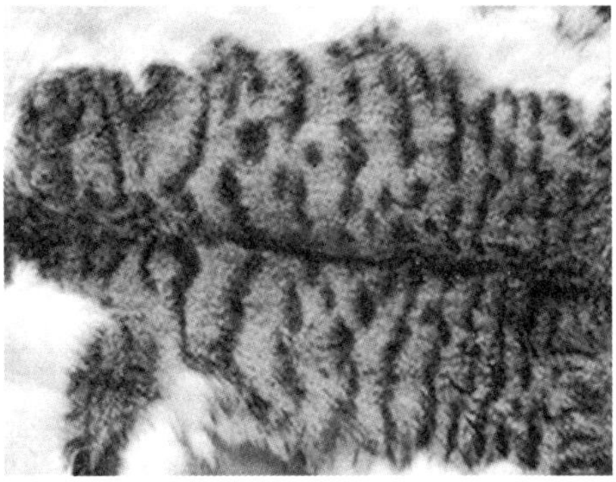

图 5-6　猫皮

(2) 猫皮

猫有家猫和野猫，猫皮的颜色多，斑纹不一。猫皮一般取自于家猫，家猫皮(图 5-6)毛被平顺，毛细绒足，色泽光润，按毛长可分为长毛猫皮和短毛猫皮。猫皮常用于中低档毛皮服装。

二、人造毛皮

人造毛皮就是仿裘皮，也称人造裘皮。它是用机织或针织或其他编织的方法织造出具有毛绒的织物，再对底布进行上浆，对表面毛绒刷毛、剪毛、烫光、印花等，人造毛皮的外观可与天然毛皮相媲美。人造毛皮的原料可以是棉、羊毛、黏纤、涤纶、腈纶等，其中腈纶保暖性好，有多种异形的不同热缩率的品种，可生产出不同风格的人造毛皮。

(1) 机织人造毛皮

机织人造毛皮的品种主要是仿短毛类天然裘皮，它采用双层组织结构的经起毛组织，割绒后在织物表面形成毛绒。坯布背面上有浆料，可以进一步固着毛绒根部，剪烫后毛绒齐整，质量轻，保暖好，有一定的透气性，常用于短毛绒类仿裘皮服装、服装里料等。

(2) 针织人造毛皮

针织人造毛皮(图 5-7)包括纬编和经编两大类。纬编针织人造毛皮有短毛绒和长毛绒产品，外观与天然毛皮极其相似，仿制的毛被可以有锋毛、针毛、绒毛，也可印花仿制动物毛皮的花纹，还可以让毛丛成为圈状仿制羔皮，有许多仿制高档天然名贵裘皮的品种，常用于各种仿裘皮服装、里料、衣领等。

经编针织人造毛皮的毛绒长度可以任意控制，外观与天然毛皮相似，保暖性、弹性都较好。

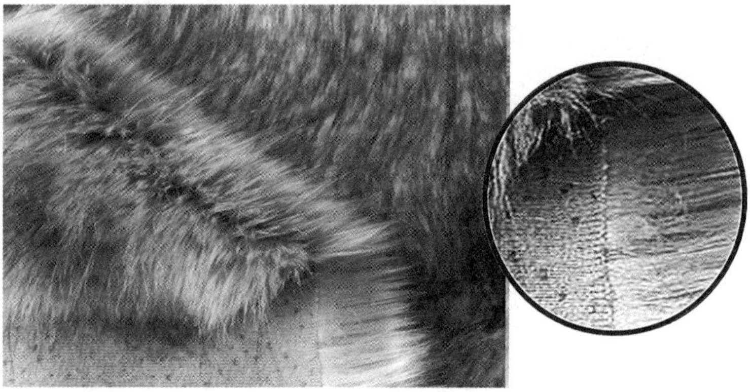

图 5-7　针织人造毛皮

(3) 缝编法人造毛皮

缝编法是非织造法的一种工艺，它把用于毛绒的纤维梳理成网，在缝编机上用钩针钩取纤网上的一束纤维固着的底布上，再经底布背胶以及毛面剪烫等工序，就能得到人造毛皮。工艺过程相对简单，产品档次不高，价格低廉。

第二节　精致优雅的皮革

一、天然皮革

皮革是经过脱毛鞣制的并且不易腐烂的动物皮板，皮革的表面具有粒纹和光泽，纹理自然，精致优雅，手感柔软舒适，皮革制作的皮衣，具有良好的透气性和柔韧性。

天然皮革可分为正面革、绒面革和修饰面革。正面革表面光滑，具有自然的粒纹和光泽，正面革一般还要进行涂饰，以增加其美观。正面革所用的原革伤残少，品质较好，属于高档皮革。绒面革的革面经过磨绒处理，革面呈现绒状，磨正面的称为正绒，磨反面的称为反绒，二层皮磨绒的称为二层磨绒。绒面革比正面革柔软，透气性也好，但没有正面革坚牢，且易脏不易清洗。修饰面革是把粒面粗糙、伤残过多的革磨去粒面，再进行表层涂饰制成的革，美观细致，一般不用于服装。

常见的天然皮革有羊皮革、牛皮革、袋鼠皮革、猪皮革、鹿皮革、麂皮革、马皮革、驴皮革、蛇皮革、鳄鱼皮革、驼鸟皮革等。

(1) 羊皮革

羊皮革(图 5-8)有山羊皮革和绵羊皮革等。山羊皮革的皮身较薄，粒面紧密，粒纹呈菱形或半圆形弧状，光泽好，纹路清晰，立体感强，透气柔软坚牢，不足之处是革面略显粗糙。绵羊皮革面细致平滑，毛孔更细，透气柔软，革面粒纹与山羊皮革相近，立体感不是十分明显，坚牢度也不如山羊皮。羊皮常用于皮衣皮裤、皮帽、手套等。

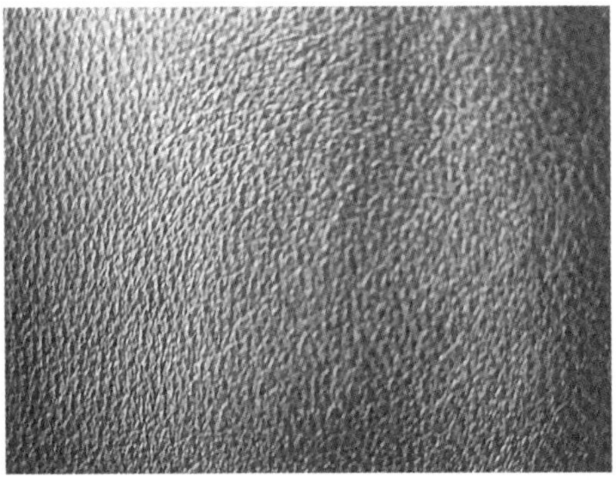

图 5-8　羊皮革

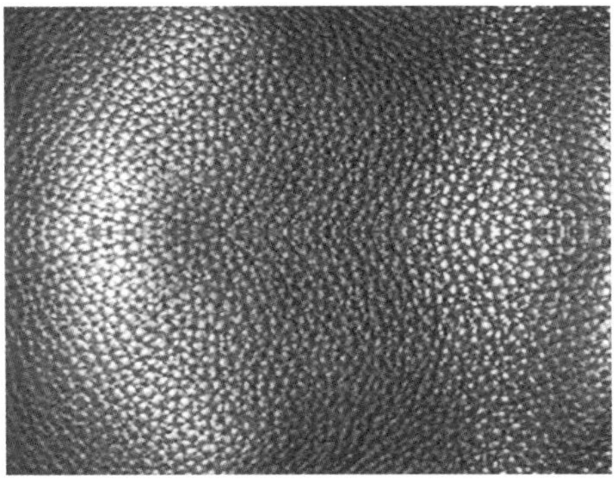

图 5-9　牛皮革

(2) 牛皮革

牛皮革(图 5-9)主要有黄牛皮革、水牛皮革和小牛皮革等。服装上主要用黄牛皮革和小牛皮革。黄牛皮革的粒面较平整,毛孔细小呈圆形,分布均匀紧密,皮身薄厚均匀,革面丰满细致,手感坚实富有弹性,耐磨耐折,吸湿透气性良好,是良好的服装皮革。水牛皮革较厚,革面粗糙,毛孔粗大稀少,最大优点是吸湿透气性好,一般需要磨面修饰。小牛皮革是指小黄牛的皮革,粒面细密,皮身轻薄柔软,弹性好,吸湿好,是优良的服用皮革。牛皮革常用于皮革服装、手袋、皮鞋等。

(3) 猪皮革

猪皮革(图 5-10)皮身较厚并且较硬,革面粗糙,粒面凹凸不平,毛孔粗大,三个毛孔一组,品字形分布。猪皮革缩皱处理后,外观接近羊皮。猪皮革耐折耐磨,透气性好于牛皮革,但弹性不如牛皮。猪皮革的磨面革和轧花革,可做服装;漆面革和绒面革可做皮鞋。

图 5-10　猪皮革

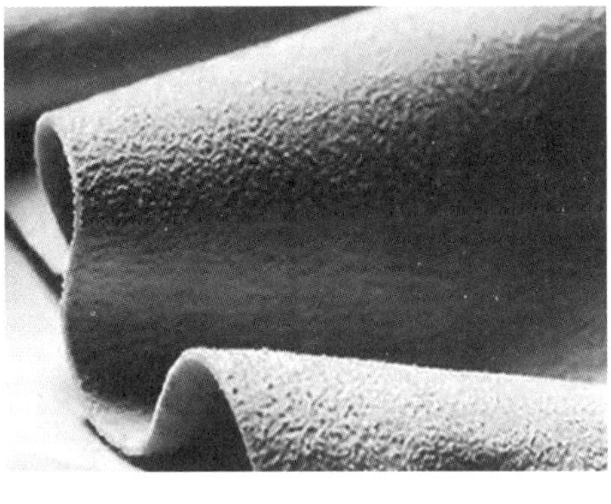

图 5-11　麂皮绒

(4) 麂皮革

麂,俗称麂子,中国分布有三种,分别是黑麂、赤麂和小麂。赤麂体型最大,体长 80～150 cm;黑麂,是国家级保护动物,数量最少,是中国特有种类,体型略小于赤麂,体长约 120 cm;小麂,又称吠鹿或犬鹿,是中国特有种类,体型最小,体长 70～90 cm。

麂皮革原皮毛孔粗大稠密,粒面粗糙,斑疤较多,但皮质厚实,通常制作成绒面革,又称为麂皮绒(图 5-11),绒面细致光洁,色泽柔和,爽滑触感好,坚韧耐磨,吸湿透气,外观飘逸潇洒,属于名贵的绒面革品种。

(5) 驴皮革、马皮革

驴皮革、马皮革皮质结构、外观以及性能都十分相似。服装上通常使用其前身部分，前身皮革较薄，结构松弛，手感柔软，吸湿透气。后身皮革结构紧密，但透气透湿性能较差，不耐折，主要用于箱包，服装上只能用于镶拼。

二、人造皮革

人造皮革是在纺织布基或无纺布基上，用 PVC(聚氯乙烯)或 PU(聚氨酯)等发泡或覆膜加工而成的，本质上是一种仿皮革的塑料制品。人造皮革的优点是花色品种繁多、防水性能好、边幅整齐、利用率高和价格便宜，缺点是手感和弹性等性能目前还没有达到真皮的效果。

(1) 聚氯乙烯(PVC)人造革

聚氯乙烯(PVC)人造革是第一代人工皮革，俗称人造革，是用聚氯乙烯树脂、增塑剂和其他配合剂组成的混合物，涂覆或贴合在织物上，再经一定的加工工艺过程而成，可分为普通革和泡沫革两种。普通人造革优点是强度高、耐磨、成本低廉，缺点是手感硬、耐油性、耐高温性较差，可做各种箱包、座套等。泡沫人造革通常多以针织布为底基，面层糊料中含有发泡剂，在凝胶化时发泡形成微孔结构，成品质轻、手感柔软有弹性，用于服装存在不透气、不透湿、耐磨性差的缺点。

(2) 聚氨酯(PU)合成革

聚氨酯(PU)合成革(图 5-12)是第二代人工皮革，俗称合成革，表层具有多孔的多层结构，强度高，质地柔软，具有良好透气性和透湿性，真皮感强，并且具有耐磨、耐寒、耐老化、耐溶剂等优点，性能比 PVC 革优良，是代替天然皮革较为理想的仿革制品，可用于中档皮衣服装等。

图 5-12　聚氨酯(PU)合成革

图 5-13　超细纤维合成革

(3) 超细纤维合成革

超细纤维合成革(图 5-13)是第三代人工皮革，简称超纤合成革，它是用尼龙超细纤维制成具有三维网络结构的非织造布，再填充微孔结构的聚氨酯，最后经特殊后续工艺加工而成。超纤合成革仿真性好，在很多性能上都具有天然皮革的特点，撕裂强度、拉伸强度、耐折性、耐寒性等有些物理和化学性能优于天然皮革，但手感、透气性、丰满度等方面仍比天然皮革差。

(4) 人造麂皮

人造麂皮是一种 PVC 人造革，又称人造绒面革。人造麂皮表面有密集的纤细而柔软的短绒毛，酷似天然麂皮革。人造麂皮的绒面有砂辊研磨的平绒面、起毛拉伸的卷曲绒面、溶盐的微孔感绒面、静电植绒的植绒绒面等。人造麂皮绒毛细软密，柔软富有弹性，耐磨抗折皱，可用于服装外套、春秋装、运动衫等。

第六章

不可或缺的辅料

一般认为，除服装面料以外的服装材料都是服装辅料。服装辅料主要包括里料、衬垫料、充填材料、缝制材料、扣紧材料、装饰材料、布标等。也有人认为服装吊牌及包装物等也属于服装辅料。服装辅料是服装的一部分，应与服装连为一体，不可分离。

第一节　服装主体辅料

一、里料

服装里料，通常称为夹里或里子，它是用来部分或全部覆盖服装背面的材料。里料同样是衣服的基础，选择合适的里料可以提升服装的使用性能，如舒适性、美观性等。里料一般用于外衣、有充填料的服装、需要加强支撑面料的服装、中高档毛呢服装、精致高档服装以及其他需要加装里料的服装。

里料选配时，质地要与面料相匹配，颜色花纹与面料搭配要协调，里料的缩水率、热缩率、耐热性、耐洗涤性等性能应与面料相似，厚薄要与面料相配，重量要比面料轻且柔软。里料选配合理，可以提升服装质量和产品档次，增加服装产品个性特点，提高服装穿着舒适感。

里料与面料没有严格的区分，理论上所有的面料都可以作为里料使用，常用的天然纤维里料有真丝电力纺、真丝斜纹绸、棉府绸等，再生纤维里料有纯黏胶丝的美丽绸、黏胶丝与棉交织的羽纱、棉纬绫、棉线绫、富春纺等，合成纤维里料有尼丝纺、尼龙绸、涤丝绸等。

二、衬料

服装衬料是在服装中起衬托支撑加固、完善服装塑型或者辅助服装加工的材料。它通常附在面料和里料之间，相当于衣服的骨骼，起到衬垫和支持的作用，多用于前身、肩、胸、衣领、袖口、袋口、腰等部位。

1. 棉衬

棉衬是棉纱线织制的平纹织物。棉粗布做衬叫粗布衬，可做大身衬、肩盖衬、胸衬等。棉细布做衬叫细布衬，有本白细布衬和漂白细布衬两种，本白衬可做领衬、袖口衬，漂白衬可做驳头衬和下脚衬。粗布衬和细布衬，不上浆的手感柔软，也称软衬，上浆的较硬，也称硬衬。

2. 麻衬

麻衬包括麻布衬和平布上胶衬。麻布衬是以麻纤维纯纺的平纹织物，具有良好的硬挺度与弹性，是高档服装用衬。平布上胶衬是棉麻混纺的平纹织物上胶而成，挺刮滑爽，柔韧而有弹性，缩水率大，使用时需进行预缩水，主要用于中厚型服装。

3. 黑炭衬

黑炭衬(图 6-1)也称毛衬、毛鬃衬，是用牦牛毛、羊毛、人发或毛混纺纱为经纬纱，或用棉及棉混纺纱为经纱加工成基布，再经树脂加工而成。硬挺型黑炭衬常用于较厚面料制作的服装，如冬季服装的大身衬、盖肩衬等；软薄型黑炭衬常用于较薄面料制作的服装，如春秋服装的胸衬、袖窿衬等。

4. 马尾衬

马尾衬(图 6-2)包括传统马尾衬和包芯马尾衬两种。传统马尾衬是用马尾作纬纱，棉或涤棉混纺纱作经纱织成基布，再经定型和树脂加工而成，特点是弹力很大，挺刮性好，高温湿热易于造型，主要用作西服的盖肩衬和女装的胸衬。包芯马尾衬与传统马尾衬的区别是纬纱不同，包芯马尾衬的纬纱，是用棉纤维包覆马尾鬃形成的马尾包芯纱。包芯马尾衬可以用现代织机生产，效率高，可用于高档服装的挺胸衬等。

图 6-1　黑炭衬

图 6-2　马尾衬

5. 树脂衬

树脂衬（图 6-3、图 6-4）是以棉、化纤及混纺纱线织制的机织物或针织物为底布，经过漂白、染色等适当的整理加工，再用树脂处理制成的衬布。树脂衬具有优良的防缩性和弹性，缩水率低，软硬适度，抗皱免烫。

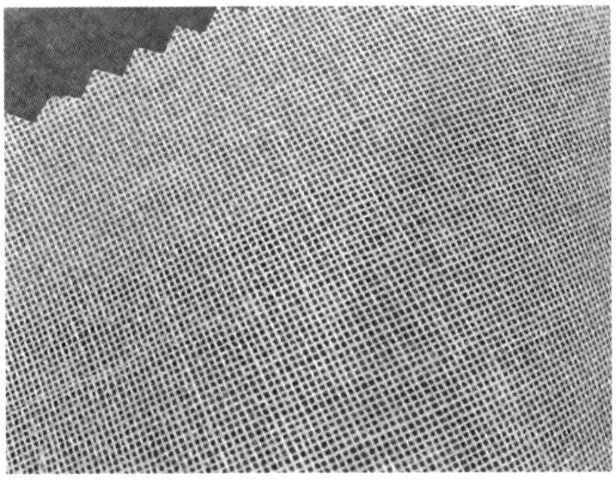

图 6-3　树脂衬

图 6-4　树脂腰衬

树脂衬底布不同，性能会有所差别。纯棉树脂衬布缩水率小、尺寸稳定性好，薄型手感软的主要用于薄型衣料服装的衣领、上衣前身及大衣（全夹里）等，中厚型手感较硬的用于厚型衣料服装的前身、衣领等，还可用于裤腰、腰带等处。涤棉混纺树脂衬布弹性好，薄型手感软的或中软的主要用于夏季女装、童装以及大衣、风衣的前身、驳头等部位，中、厚型手感硬的主要用于西服、雨衣、风衣、大衣的前身、衣领、口袋、袖口以及夹克衫、工作服、帽檐等，手感特硬的主要用于生产各种腰衬、嵌条衬等。涤纶树脂衬布手感滑爽，弹性非常好，主要用于高档 T 恤衫、西服、风衣、大衣等。

6. 黏合衬

黏合衬又称热熔衬，是将热熔胶涂敷在基布（机织物、针织物或非织造布）上，能与服装面料热熔黏合的一种衬布。通常所说的衬布主要就是指黏合衬，它是现代衬布的主体。黏合衬质轻、挺刮、柔软，使用时，通过一定的温度和压力使衬布与面料反面牢牢地贴合成一体，非常便于服装的生产加工。

黏合衬种类很多，各种产品都有固定的标记代号（图 6-5）。

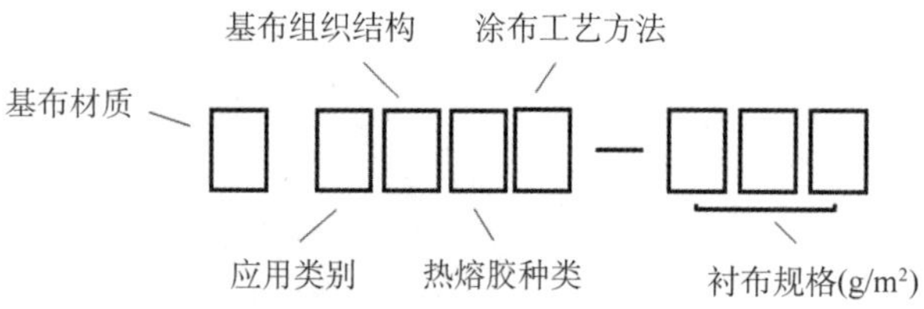

图 6-5　黏合衬的标记代号

标记代号分为三部分，第一部分表示基布的材质，用字母表示（表 6-1），一个字母表示纯纺，二个及以上字母表示混纺或交织，纤维比例高的排在前面。第二部分表示衬布的特性，由四个数字组成（表 6-2），分别表示衬布的应用类别、基布的组织结构、热熔胶种类、涂布工艺方法。第三部分表示衬布的规格，用三位数表示，代表的是衬布的单位面积质量。例如，NR 1 836-100 表示材质由锦纶与黏胶纤维构成，主要用作内衣衬，基布是热轧非织造布，用的是聚酰胺类热粉胶，涂布工艺采用网膜法，衬布单位面积质量为 100 g/m^2。

表 6-1　黏合衬基布材质对应字母表

基布材质	棉	麻纤	真丝	毛纤	涤纶	锦纶	腈纶	丙纶	氨纶	维纶	黏胶
代号字母	C	F	S	W	T	N	A	O	U	V	R

表 6-2　黏合衬特性数字对照表

数字代号	第一位数字	第二位数字	第三位数字	第四位数字
0			不用热溶胶	无涂布工艺
1	衬衣衬	机织平纹布	HDPE（高密度聚乙烯）	热熔转移法
2	外衣衬	机织斜纹布	LDPE（高密度聚乙烯）	撒粉法
3	丝绸衬	针织双梳衬布	PA（聚酰胺类）	粉点法
4	裘布衬	针织单梳变化编链衬布	PES（聚酯类）	浆点法
5		针织双梳编链加经平衬布	EVA（乙烯-乙酸乙酯）	网点法
6		无纺编链衬布	EVA-L（EVA 的皂化物）	网膜法
7		水刺非织造布	FU（聚氨酯）	双点法
8		热轧非织造布		
9		化学黏合非织造布		

选用黏合衬时，不但要看外观，还要考虑是否与成衣品质要求相配。衬衫黏合衬布中，点状涂层衬布宜作衬衫主衬料，粉状涂层衬布宜作衬衫辅衬料；外衣黏合衬布中，点状涂层衬布宜作西服、外衣、大衣的衬料，片状涂层衬布宜作妇女外衣衬料；裘皮黏合衬布宜作裘皮服装、皮革服装、人造毛皮服装等衬料。

7. 热熔胶膜

热熔胶膜（网膜）是常温状态下为固态，高温下熔化并双面具有黏性的一种黏胶剂，成分为 PES/PA/TPU/EVA/PO 等，服装服饰用热熔胶膜（网膜）包括无缝（无痕）内衣用热熔胶膜、商标（刺绣标）用热熔胶膜、户外冲锋衣用热熔胶膜、潜水服用热熔胶膜等，可以整贴或局部粘贴。

材料样式上有两种，即不带纸款（裸膜）和带离型纸款（或离型膜）。

不带离型纸款只是单独的一层胶，使用时只需把它放置在两层需要粘接的材料中间，再通过使用专业压烫设备的加热贴合即可。带离型纸款在一层双面胶膜的一侧还背有一层离型纸或离型膜，使用时需要二次加热贴合。例如，商标布需要先将胶粘贴到商标上，然后撕下离型纸再粘贴到服装上。

三、垫料

垫料是用在服装的特定部位、保证服装造型、修饰人体着装效果的辅助垫物。特定部位是指需要加高、增厚、平整、修饰的服装部位。垫料主要有棉及棉布垫、泡沫塑料垫、羊毛与化纤下脚针刺垫三种。

1. 胸垫

胸垫又称胸片、胸衬，主要用于西服、大衣等服装的前胸夹里，能保证服装胸部造型挺刮丰满。

胸垫可以用棉衬、麻衬、黑炭衬等作胸垫，现在大多使用非织造布制造胸垫。非织造布胸垫（图 6-6）规格一般为 100～160 g/m^2，颜色有白色、蓝色、黑灰色等。非织造布胸垫重量轻，裁剪后切口不脱散，保型性和回弹性良好，使用方便，价格低廉。此外，还有胸绒、黑炭衬复合胸垫等复合胸垫。服装生产中使用较多的是上述材料的组合型胸垫。

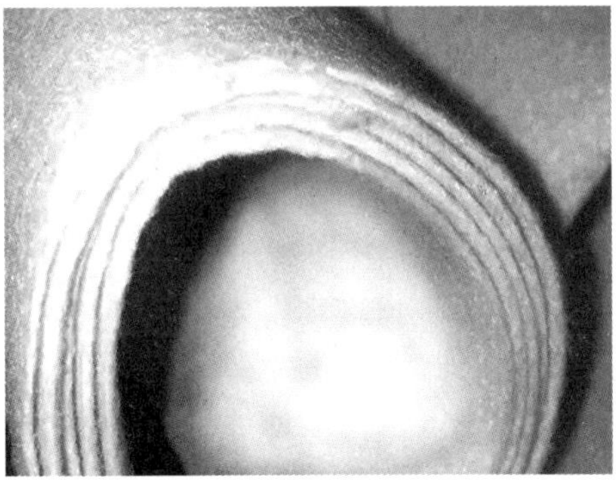

图 6-6　非织造布胸垫

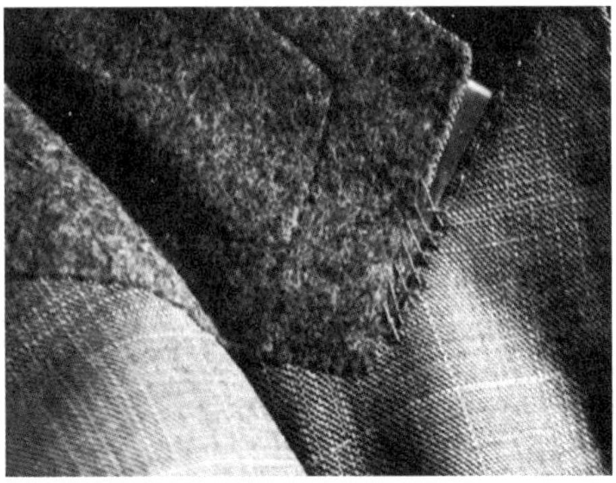

图 6-7　领底呢

2. 领垫

领垫又称领底呢（图 6-7），是用于服装领里的专用材料，可分为有底布领底呢和无底布领底呢两种。领底呢主要用于西服、大衣、军警服及其他行业制服，领底呢能增加弹性，使衣领平整，面里伏贴，造型美观，便于裁剪缝制，可单独使用，也可与领底衬组合使用，好的领垫还可提高服装的档次。

3. 肩垫

肩垫又称垫肩，可以修饰服装肩形，使服装肩部造型美观优雅。最初的肩垫只用在西服上，现在的垫肩不但品种多、档次高，而且涉及服装的各个领域，垫肩的品种规格有数百种之多（图 6-8）。按材质可分为海绵肩垫、喷胶棉肩垫、非织造布肩垫、棉花肩垫等。海绵肩垫与喷胶棉肩垫价格便宜，适用于低档服装，存在外观粗糙弹性差，容易变形的缺点；非织造布肩垫，种类多，款式丰富，弹性良好，款型稳定，耐洗耐用，高中低档次都有，是目前使用最多的一种；棉花肩垫，手感柔软，弹性良好，比较耐用，缺点是不够光洁，成型效果差，不能水洗。

图 6-8　几种肩垫

四、填料

服装填料是充填在服装面料与里料之间，起到保暖御寒作用的辅料，填料蓬松质轻保暖好，分为絮料和絮片两类。絮料是指松散的天然纤维和各种化学纤维，包括棉絮（棉花）、丝绵（蚕丝）、羽绒（鸭绒、鹅绒、鸡毛）、骆驼毛、腈纶、涤纶等，充填服装后用手绗或机绗固定。絮片是把纤维制网再加固而成，属于非织造布类，包括热熔絮片、喷胶棉絮片、金属镀膜絮片、毛型复合絮片和远红外复合絮片等。

1. 羽绒

羽绒是指“羽”和“绒”，羽是毛片，绒是绒朵，绒朵含量高，品质好，蓬松度高，保暖性好。绒朵呈立体球状，绒朵中心叫做绒核，绒核向外有许多放射状绒丝。绒丝是由微小的中空鳞片叠加而成，绒丝还有很多的菱节，菱节中含有空气。这样，中空鳞片、菱节、绒丝、绒朵之间都会固定大量的空气，所以羽绒的保暖效果特别好。羽绒一般不会产生板结的问题，长期使用都能够保持蓬松。

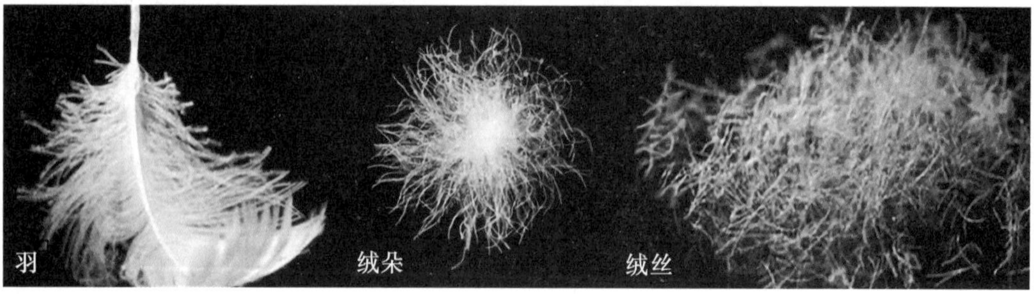

图 6-9　羽、绒朵、绒丝

服装用羽绒，主要是白鹅绒、灰鹅绒、白鸭绒、灰鸭绒等。同等条件下鹅绒的绒朵更大，中空度高、蓬松性好、回弹性优异，保暖性更强。服装用羽绒的绒子含量不得低于 50%，一般要达到 70%及以上。绒子含量不是含绒量，含绒量是绒子和绒丝之和的含量百分比，绒子含量是绒子的含量百分比。绒子包括朵绒、未成熟绒、类似绒、损伤绒，不包括绒丝。绒丝是从绒子或毛片根部脱落下来的单根绒丝，保暖性比绒子差，且容易钻绒。

2. 絮片

絮片是指絮状沉淀物的小薄片，也可指植物纤维、动物纤维或化学纤维制成的供保暖、隔热或防震用的片状物（图 6-10）。主要包括热熔絮片、喷胶棉絮片、金属镀膜复合絮片、远红外棉复合絮片等。

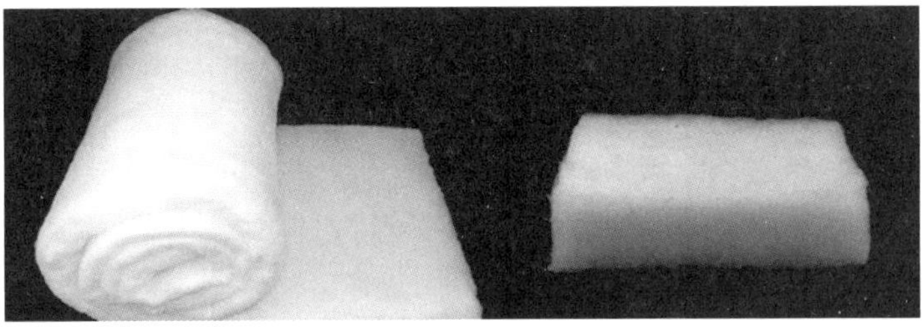

图 6-10 絮片

(1) 热熔絮片

热熔絮片是一种用热熔黏合工艺加工而成的絮片。热熔黏合工艺是指利用烘房对混有热熔介质的纤网进行加热,使纤网中的热熔纤维或热熔粉末受热熔融,熔融的聚合物流动并凝聚在纤维交叉点上,冷却后纤网得到黏合加固而成为非织造材料。热熔絮片常规产品是热熔黏合涤纶絮片,压缩弹性率达 85%以上,用途广泛,价格便宜。

(2) 喷胶棉絮片

喷胶棉絮片又称喷浆絮棉。它把以涤纶短纤维为主要原料的纤维梳理成网,然后在纤网的两面喷洒液体黏合剂,再经热处理烘干,黏合剂被固化,纤维间的交接点就能粘接在一起,从而形成絮片。喷胶棉是三维网状的结构,空隙多,蓬松度高,保暖性好(相当于棉花的 3～4 倍)。

(3) 金属镀膜复合絮片

金属镀膜复合絮片俗称太空棉、宇宙棉、金属棉等。它是由基层和金属膜层复合加工而成的复合絮片。基层是涤纶弹力绒絮片,金属膜层有非织造布、聚乙烯塑料薄膜、铝钛合金反射层和保护层四部分。

金属镀膜复合絮片不但具有良好的隔热性能,而且能利用人体热辐射和反射原理保温,是一种超轻、超薄、高效的保温材料,在防寒、保温、抗热等性能方面远远超过传统的棉、毛、羽绒、裘皮、丝绵等材料,缺点是透湿性、透气性等性能较差。

(4) 远红外棉复合絮片

远红外棉复合絮片是以远红外纤维为絮层原料,以单层或多层薄型材料为复合基,经针刺复合加工而成的絮片。

远红外纤维一般是将陶瓷粉末均匀地分散于高聚物熔体或溶液中,再采用常规方法纺丝即可得到。远红外纤维可吸收太阳光中的远红外线并转换成热能,也可将人体的热量反射而获得保温效果。

远红外棉复合絮片保暖效果好,并具有一定的抗菌除臭等保健功能。

3. 其他絮料

棉絮,新棉絮松软,保暖性好,穿着舒适。棉絮吸湿,受压后蓬松度会降低,产生板结,保暖性也随之下降,阳光日晒能降低棉絮的水分,拍打能适当恢复其蓬松度。

丝绵,丝绵是茧丝或蚕茧表面的乱丝整理而成的充填料。丝绵重量轻、纤维长、弹性好,保暖性也比棉絮好,非常适合用于绸缎面料的保暖服。

骆驼绒,骆驼绒是从驼毛中选出来的绒毛,可直接用作充填料,既轻又软,保暖效果远好于棉花。

第二节　服装其他辅料

一、缝纫线

缝纫线是用于缝纫机或手工缝合服装的股线，股数有 2、3、4 等几种，通常用 3 股线，2 股的用于薄型面料。缝纫线卷装形式也有多种(图 6-11)，工业生产缝纫一般用宝塔线，线长度为 1 000～10 000 m，家用缝纫一般用轴线，线长度为 50～1 000 m。

图 6-11　缝纫线卷装形式

1. 棉缝纫线

软棉线耐热性好，能适应高速缝纫和耐久压烫，但耐磨性和弹性较差，现在基本不用。

棉蜡光线表面光滑硬挺，可减少缝纫时的摩擦阻力，强度和耐磨性都比普通棉线好，缺点是缩水大，易起皱，一般用于硬挺面料、皮革面料或需高温整烫的服装。

棉丝光线质地柔软，表面光滑，富有光泽，缩水率低，强度比棉蜡光线好，多用于中高档纯棉服装。

2. 丝缝纫线

丝缝纫线通常指桑蚕丝线或绢丝线，简称丝线。丝线强度、弹性都比棉线好，而且手感柔软，表面细腻光滑，缝迹顺滑不起皱，缺点是使用时易磨损。粗丝线主要用于羊毛服装、皮革服装，特别适合于缉明线；细丝线常用来缝制绸缎薄料。

3. 涤纶缝纫线

涤纶线强度高、耐磨性好、耐热性好、缩水率低，在缝纫线中占有主导地位。

涤纶短纤维缝纫线主要用于纯棉、纯毛、化纤及各种混纺面料服装等。涤纶长丝缝纫线，主要用于滑雪衣、皮革服装等。涤纶低弹丝线主要用于弹性面料服装、针织面料服装等，可替代真丝缝纫线。此外，涤纶与真丝混合的缝纫线，常用于超薄面料的缝制。

4. 锦纶缝纫线

锦纶缝纫线耐磨性好、强力高、弹性好，常用于需要结实缝纫线的服装，但耐热性稍差，所以不用于高速缝纫和需高温整烫的服装。

锦纶长丝线适用于化纤服装的缝制和各类服装的钉扣、锁纽眼等工序。锦纶单丝透明缝纫线适用于裤口、袖口和纽扣等部位，还可用作装饰线。锦纶弹力纤维丝缝纫线，可用于针织面料服装、内衣裤、游泳衣等面料伸缩性较大的服装。锦纶复丝缝纫线，可用于内衣裤、羊毛衫及化纤服装等。

5. 涤棉缝纫线

涤棉缝纫钱以涤棉混纺线和包芯线为主。涤棉线是用65%的涤纶短纤维与35%的优质棉混纺而成，适用于各类纯棉、化纤和混纺面料、针织面料的缝制和拷边。

涤棉包芯缝纫线（涤纶为芯，棉为外包纤维），强度高、线质柔软而有弹性、缩水率小，兼有棉的耐热与涤纶的高强，能抵抗高速缝纫的高温，可用于外套服装、硬领部件缝制，也可用于高速缝制厚实服装。

此外，为了突出服装造型或美化服装轮廓等，常缉明线和绣花作为装饰。主要用到的是绣花线和金银线。绣花线有棉、蚕丝、羊毛、黏胶丝、腈纶等材质的纱线。金银线则是在聚酯薄膜上用真空镀膜技术镀上一层铝，再添加颜色和保护层，然后切割成细条就形成金银线。金银线颜色可以是金色、银色、变色、五彩色等。

二、扣紧材料

扣紧材料是服装开口处的连接材料，主要有纽扣、拉链、勾、环、绳带等。扣紧材料不但具有功能性，还具有装饰性，设计运用适当，能增加服装的美感。

1. 纽扣

纽扣又称为扣子，最初的纽扣主要是石纽扣、木纽扣、贝壳纽扣，后来有布料制成的带纽扣、盘结纽扣，还有贵重材料制成的金银、珍珠、宝石、钻石、犀角、羚羊角、象牙纽扣，现代有塑料、树脂、玻璃、陶瓷、铜、铁等纽扣。

纽扣的造型样式等非常丰富，有明眼扣、暗眼扣、高脚扣、牛仔扣、手缝揿扣、四合扣等（图6-12）。

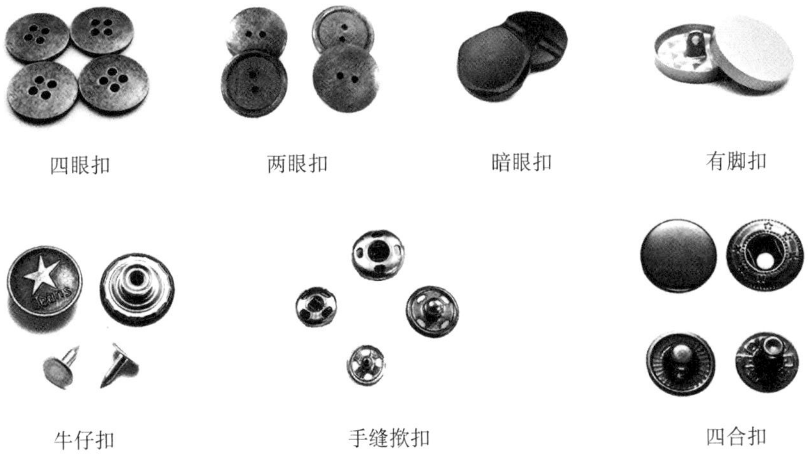

图6-12 几种纽扣样式

明眼扣有四眼扣和两眼扣，扣眼直通纽扣正反面。

暗眼扣的扣眼一般在纽扣的背面，正面看不到扣眼。

有脚扣的背面有一个带眼孔的柄。

牛仔扣，包括扣子和钉子两部分，用敲模方式安装，组合造型像“工”字，故又称工字扣。

手缝揿扣分为母扣和公扣两部分，母扣和公扣上均有供手缝固定的孔眼。

四合扣一般指金属四合扣，也有树脂等材质的，分为母扣和公扣两部分，安装时需要专用工具。大白扣、鱼眼扣、水泡扣、五爪扣都属于四合扣。

选择具有扣眼的纽扣时，扣眼大小要与纽扣大小相匹配。纽扣的大小用型号表示，纽扣直径＝规格号数×0.635 mm，非圆形的按最大直径计算。常用纽扣的型号有 14＃、16＃、18＃、24＃、28＃、32＃、34＃、36＃、40＃、44＃、54＃等几种。

2. 拉链

拉链由链牙、拉头、上止(前码)、下止(后码)和锁紧件等组成(图 6-13)。一般拉链有两片链带，每片链带上各自有一列链牙，两列链牙相互交错排列。拉头夹持两侧链牙，拉片拉动拉头滑行，即可使两侧的链牙相互啮合或脱开。

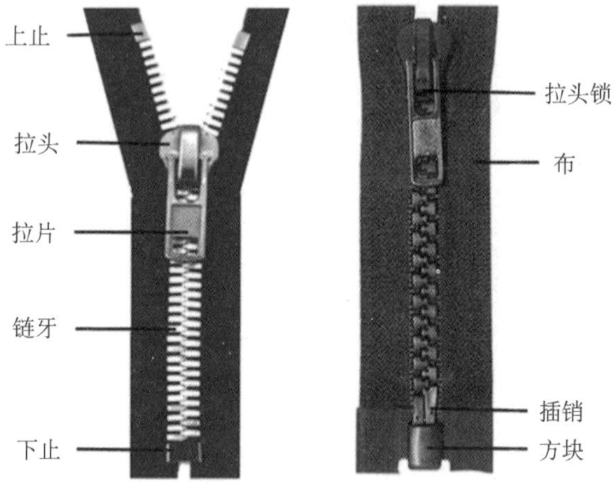

图 6-13 拉链结构示意图

拉头可分为自锁拉头、针锁拉头、无锁拉头等(图 6-14)。自锁拉头拉头的拉鼻有一个自锁小挡件，提起拉片可以解锁，放下拉片自动锁住。针锁拉头的拉片带有 1 至 2 个挡针，拉片压下时挡针能插入链牙之间，将拉头固定。无锁拉头就是没有锁定功能的拉头。

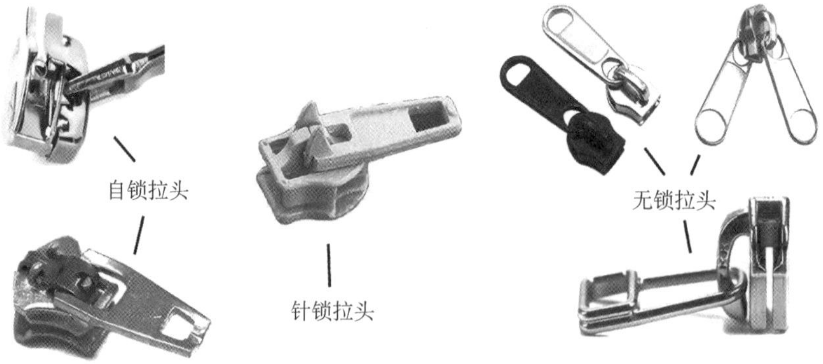

图 6-14 自锁拉头、针锁拉头、无锁拉头

(1) 根据拉链的链牙成形有金属拉链、注塑拉链、螺旋拉链等几种(图 6-15)。

金属拉链　　注塑拉链　　螺旋拉链

图 6-15　金属拉链、注塑拉链、螺旋拉链

金属拉链是用铝、铜、镍、锑、钢、银等金属压制成牙的拉链。常见的是铜拉链和铝拉链，铜拉链比较耐用，缺点是链牙容易脱落移位，价格较高，主要用于高档服装。铝拉链强力略差，价格也比铜拉链低，主要用于中低档服装。

注塑拉链是用聚酯或尼龙胶料熔化注塑成牙的拉链，包括聚甲醛注塑拉链和强化拉链。聚甲醛注塑拉链的链牙由聚甲醛通过注塑成型工艺固定在布带带筋上。强化拉链的链牙由尼龙材料通过挤压、成型、缝合固定在布带边上。注塑拉链质地坚韧耐磨，链牙色彩丰富（金银色、透明或半透明、蓄能发光、镭射），链牙上还能镶嵌钻石或宝石，提升使用档次。缺点是链牙粗大，拉动不够轻滑，主要用于较厚实的服装。

螺旋拉链是用聚酯或尼龙制成螺旋线圈状牙的拉链，可分为普通螺旋拉链、双骨拉链、隐形拉链、编织拉链等几种（图 6-16）。双骨拉链的链牙由单丝成型为连续 U 形状，经缝合固定在布带边上。隐形拉链的链牙由单丝围绕中芯线成型呈螺旋状，缝合在布带上将布带内搭外翻，拉头拉合后正面看不到链牙。编织拉链的链带用编织工艺一次性将纱线、单丝编织形成。螺旋拉链质地柔软，表面光滑，色泽鲜艳多彩，价格低廉，主要用于内衣或薄型服装，隐形拉链、双骨拉链可以用于女裙女裤，编织拉链用于西裤门襟处不会起拱。

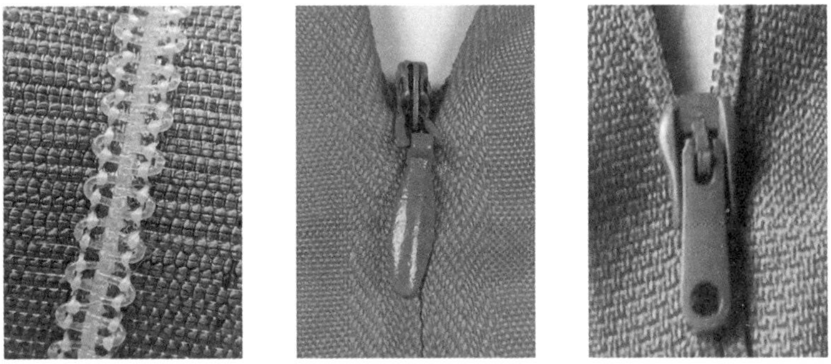
双骨拉链　　隐形拉链　　编织拉链

图 6-16　几种螺旋拉链

(2) 按拉链结构形式有闭尾拉链、开尾拉链。

闭尾拉链在拉链拉开时，两边牙链带不能完全分离。可分为单头闭尾拉链（只有一个拉头的闭尾拉链）和双头闭尾拉链（有两个拉头的闭尾拉链）（图 6-17）。双头闭尾拉链两个拉头可相向或背向开合，两个拉头拉开牙链时拉链呈 O 型或呈 X 型。

开尾拉链在拉链拉开时，可将两边牙链带完全分离。可分为单头开尾拉链和双头开尾拉链（图 6-18）。单头开尾拉链是只有一个拉头的开尾拉链，当拉头拉至插座时，插管可从拉头体和插座中拔出，从而两牙链带脱开，当插管通过拉头体进入插座后即可拉合。双头开尾拉链是有两个拉头的开尾拉链，两个拉头拉至尾端，插管可从两个拉头体中拔出，从而两牙链带脱开；当两个拉头在牙链带尾端，另一边的插管插入两个拉头体即可拉合。

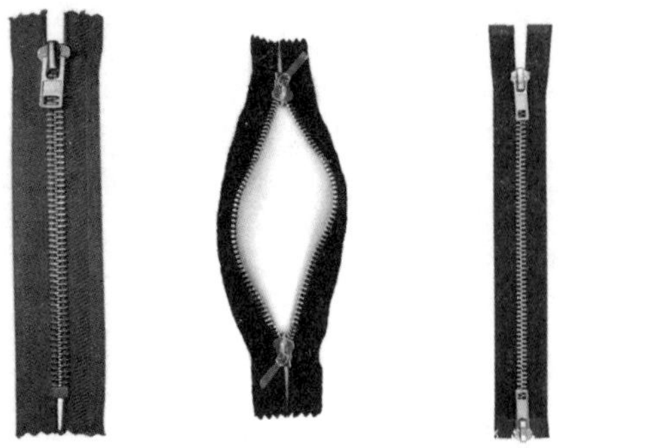
单头闭尾拉链　双头闭尾拉链O型　双头闭尾拉链X型

图 6-17　闭尾拉链

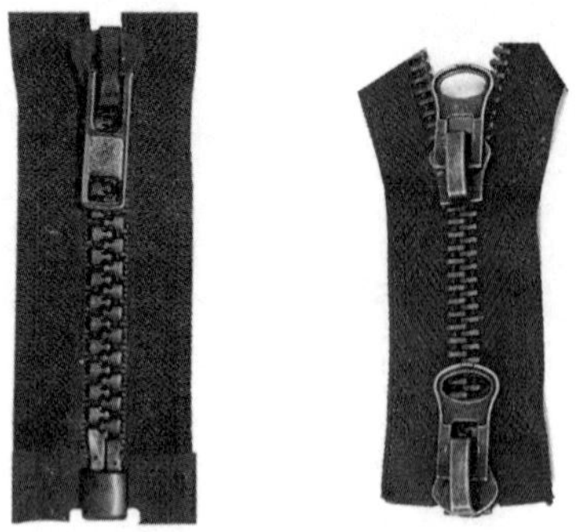
单头开尾拉链　双头开尾拉链X型

图 6-18　开尾拉链

(3) 拉链的规格

拉链型号通常有 2#、3#、4#、5#、6#、8#、9#、10# 等型号，拉链的规格用拉链两边链牙啮合后的宽度毫米数表示(表 6-3)。

表 6-3　拉链型号与规格的对应关系

型号		2	3	4	5	6	8	9	10
规格/mm	金属拉链	3.5	4.5	5.2	6.0		7.8～8.0		9.0
	注塑拉链		4.5	5.3	6.0	6.7	8.0		9.0
	螺旋拉链	3.5～3.8	4.0～4.5	5.0	5.8～6.0	6.6～6.7	7.2～7.3	8.0～8.1	9.0～10.5
	强化拉链		4.2		6.2				
	隐形拉链		4.2	5.0					
	编织拉链		4.0	4.6					
	双骨拉链		4.1						

拉链的长度是指拉链拉合状态下的有效长度，闭尾拉链是从下止外端至拉头顶端的距离，O 型闭尾拉链是从下止外端至另一下止外端的距离，X 型闭尾拉链是从拉头顶端至另一拉头顶端的距离，开尾拉链是从插座外端至拉头的顶端的距离，双开尾拉链是从下拉头的顶端至上拉头顶端的距离(图 6-19)。

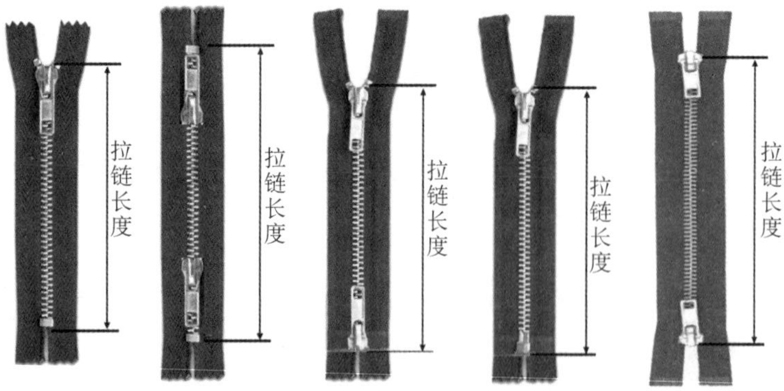

图 6-19　拉链长度

(4) 卷装拉链

拉链通常都是单根拉链，服装厂也使用卷装拉链。卷装拉链一般有几百米长，使用时用拉链切割机或拉链裁切机切成需要的长度，再安装上拉链头，缝制在服装上。

3. 绳带

绳带是绳子和织带的统称，可用于服装某些部件或部位固紧，同时也有装饰作用。

直径为 1～4 mm 的股线称为绳或绳线，大于 4 mm 小于 40 mm 的称为绳索，大于 40 mm 的称为缆或缆绳。按加工制作方法，绳可分为编织绳、拧绞绳、编绞绳。服装常用的就是编织绳，编织绳可分为有芯编织绳和无芯编织绳，松紧绳就是一种有芯编织绳。

带是指宽度在 0.3～30 mm 的狭条状或管状织物。带包括弹性带、薄型带、重型带、管状带以及其他带。

(1) 松紧绳

松紧绳(图 6-20)属于有芯编织绳，松紧绳的芯一般是橡胶丝，也有用其他弹性丝的，外包纱线为棉线或黏胶短纤纱线或黏胶长丝。松紧绳的直径通常在 0.5 mm 左右，伸长倍数为 2.5 倍。

扎头绳与松紧绳相似，其芯为橡胶丝，外包纱线为金银线和黏胶丝。

图 6-20　松紧绳

图 6-21　松紧带

(2) 松紧带

松紧带(图 6-21)属于机织产品，可分为全线松紧带、夹丝松紧带、弹力锦纶松紧带。全线松紧带是用棉线与橡胶丝或圆形乳胶丝织制的，夹丝松紧带是棉线加上黏胶丝与橡胶丝或圆形乳胶丝织制的，弹力锦纶松紧带是用弹力锦纶丝与橡胶丝或乳胶丝织制的。组织可以平纹、斜纹、重平、提花等，松紧带质地紧密厚实，手感柔软有弹性，宽度通常在 10～65 mm，常用宽度为 20～32 mm，伸长倍数为 2.2～2.5 倍。松紧带可用于服装领口、下摆、袖口、腰部等需要松紧的场合。

与松紧带相似的有罗纹带和弹性胸罩带。罗纹带是用棉纱线和纱包橡胶丝的包芯纱织制的，未伸长时有横向凸条纹，罗纹带宽度一般为 60 mm，主要用于夹克下摆及袖口部位等。弹性胸罩带的经纱为弹力锦纶丝包乳胶丝、橡胶丝或氨纶丝的包覆纱线，纬纱为锦纶丝、涤纶丝或黏胶丝，用经二重组织织制后，经向起绒。弹性胸罩带宽度为 8～16 mm，手感柔软，贴身舒适，带有弹性，伸长倍数为 1.5～1.7 倍，主要用于胸罩肩带和胸带、四周镶边等。

(3) 纱带、线带

纱带以纯棉单纱平纹或斜纹织制，结构松，较柔软，有网眼，宽度通常为 10 mm、13 mm、16 mm，可用于衬裤束腰、服装袖窿滚边等。

线带与纱带相似，是用纯棉股线斜纹织制的，纬向密度比纱带要大些，也比纱带厚实，宽度通常为 10 mm、16 mm、18 mm、19 mm，可用于衬裤束腰、服装袖窿和胸罩滚边等。

（4）针织彩条带

针织彩条带是以锦纶弹力丝作纱线，用编链衬纬、经编链衬纬或双面经编组织编织的。针织彩条带纵横向都有弹性，主要用于运动服的拼缝或贴缝。

（5）编织弹性带

编织弹性带有棉线编织的本线宽紧带、锦纶弹力丝编织的花线宽紧带、黏胶丝编织的人造丝宽紧带，它们都是以橡胶丝为芯的编织带。宽度为 3～23 mm，伸长倍数 2.5～2.8 倍，服装用带宽度一般为 5 mm、6 mm、8 mm、9 mm，主要用于裙子、内裤等薄型服装需要松紧的部位。

（6）装饰带

装饰带是指对服装起到装饰作用的各种带子。可分为机织装饰带、针织装饰带、编织装饰带。材质多样，有棉、蚕丝、黏胶丝、涤纶、锦纶、金银丝等各种材料；色彩花纹丰富，有纯色、彩色、提花、印花等；装饰带的宽度通常为 10～70 mm。常见品种有人丝装饰带、商标带、电光带、缎带、奖章带、帽墙带、排须、蜈蚣边等。

4. 其他

（1）尼龙搭扣带

尼龙搭扣带可以迅速扣紧或开启，又称免扣带、黏合带。尼龙搭扣由绒面带和钩面带组成（图 6-22），绒面带上有许多毛圈，钩面带上有许多小钩子，绒面带和钩面带对齐后轻轻挤压，毛圈就被钩住，起到联结作用。常用尼龙搭扣的宽度为 16 mm、20 mm、25 mm、30 mm、38 mm、40 mm、50 mm、100 mm，可用于服装袖口、门襟等处，起到防风保暖作用，还可用于职业服装配戴胸牌和臂章，有时还可以替代纽扣、揿钮、拉链等。

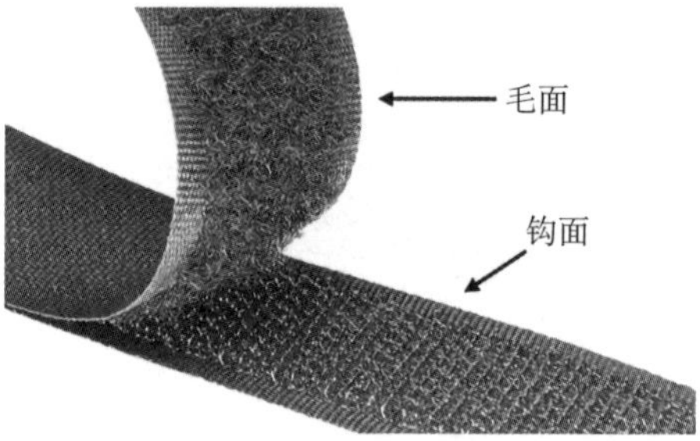

图 6-22　尼龙搭扣

（2）钩环

钩与环是一对固紧件的两个部分（图 6-23），用于裙腰、裤腰、文胸及不宜钉纽扣开扣眼的部位。如制服领口上的领钩（也称风纪扣），西裤、休闲裤等的裤钩等。

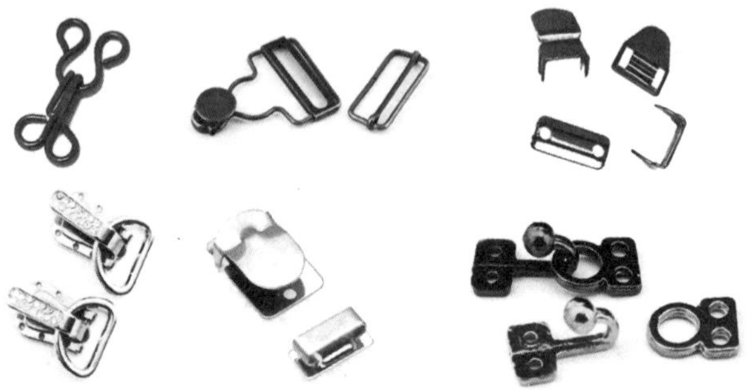

图 6-23　几种钩环

图 6-24　衣角钉

（3）衣角钉、汽眼

衣角钉是用来增加衣角强度的一种空心铆钉（图 6-24），有铁质衣角钉、铜质衣角钉等。衣角钉造型多样，有圆形、方形、三角形以及一些不规则的形状，主要用于牛仔服、童装等。

汽眼是用来增强服装耐磨性和强度的金属扣件，有圆形、腰圆形、多边形等各种形状，主要用于牛仔服、夹克、工作服等服装。

三、 装饰材料

服装装饰材料有许多种，主要有花边（蕾丝）、珠花、珠片、流苏等（6-25），纽扣、拉链、绳带、环扣等也都可以作为装饰材料使用。

图 6-25　珠片、花边、珠花和流苏

花边是具有花纹图案的薄型带状织物，花边的形式有平边、牙边、波浪边、双梅边、鱼鳞边、蜈蚣边等，都具有很好的装饰效果，可分为机织、针织、刺绣以及编织四类。材质上有棉、蚕丝、锦纶、涤纶、黏胶丝和金银线等。另外还有水溶性花边，一般用黏胶丝绣花线绣在水溶性非织造底布上，然后将底布溶化，留下绣花花边。花边可用于女士时装、礼服、内衣、披肩等服装。

珠花是用珠子串起来的装饰物，珠花的珠子品种丰富，有珍珠、人工水晶珠、玻璃珠、树脂珠等各种材质，使用得当，能为服装增添华贵感和靓丽感。

珠片品种繁多，材质多样，色彩鲜亮，造型各异，珠片还可做成珠片布作为面料使用。有的珠片还可以用黏合剂烫贴在服装上，称为烫片。服装中使用珠花珠片作装饰，具有强烈的视觉冲击力，能赋予服装高贵、时尚气质。

流苏是指一种下垂的穗子，可用于舞台服装的裙边、下摆等处，品种有流苏带子、流苏花边、流苏花边绣、流苏花边装饰结、流苏饰带等。

四、 缝标

缝标属于耐久性标签，是缝制在服装上用于标识品牌（商标）、号型、材质、洗涤保养方法、生产商及地址等的一种标识。耐久性标签要求永久附着在产品上，并能在产品使用过程中保持清晰易读。缝标有编织、印花、印刷等形式（图 6-26）。

除缝标外，服装上有时也会有金属标志、皮革标志等。

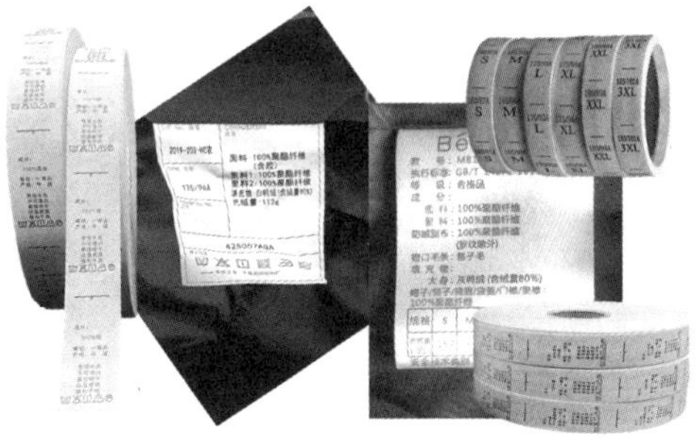

图 6-26　缝标

第七章

服装的什袭以藏

服装在穿着过程中，会受到人体内环境及使用外环境的影响，如人体及外界物质的污染、服装变形、变色褪色等，从而降低服装的卫生性和舒适性，以及影响服装的外观美感，因此需要正确打理服装，尤其是服装的洗涤、熨烫、保存等。

第一节　服装使用说明

服装的使用说明主要通过缝标、吊牌、纸质文件、电子文件等向消费者传达。使用说明的内容包括制造者的名称和地址、产品名称、产品号型或规格、纤维成分及含量、维护方法、执行的标准、安全类别等。号型或规格、纤维成分及含量、维护方法三项内容必须采用耐久性标签，耐久性标签应在产品的使用寿命内永久性地附在产品上，且位置要适宜。上装一般缝在左摆缝中下部，下装缝在腰头里子下沿或左边裙侧缝、裤侧缝上。

一、服装号型标识

成人服装的长短大小肥瘦通过服装的号型来表示。号型包括号、型、体型三部分。如170/88A，170是号，数值是身高的厘米数；88是型，胸围或腰围的厘米数；A是体型，由胸围与腰围的数值差决定，划分为四种，即Y、A、B、C（表7-1）。

表7-1　体型分类

体型		Y	A	B	C
胸围与腰围差值/cm	男子	22～17	16～12	11～7	6～2
	女子	24～19	18～14	13～9	8～4

儿童服装号型只标注号与型，没有体型标注。如150/68，150/60。

针织内衣号型表示有些不同，号同样用身高厘米数表示，上衣的型也表示胸围，但下装型则是表示臀围。后面也有字母，但并不表示体型，而是表示产品的类别，成人内衣分为A、B、C三类，儿童内衣不分类。类别是按内衣的横向伸长率的大小分的，以14N定负荷力作用，横向伸长率≤80%为A类；80%＜横向伸长率≤120%的为B类；120%＜横向伸长率≤180%的为C类。

二、服装纤维含量标识

每件衣服都要有耐久性的纤维含量标识，一般标注到整数位。皮革服装标明皮革的种类名称。标识使用国家规定的规范汉字，也可同时使用其他语言文字表示。

两件套或多件套服装，成套交付给最终消费者时，纤维含量相同的条件下，可将纤维含量的信息仅标注在一件主要服装上。

带有里料、填充料等的服装，均要标识其纤维含量。

起装饰作用的部件、非外露部件以及小部件，纤维含量可以不标。除衬布、衬垫、内胆布等非外露部件外，若单个部件的面积或同种织物多个部件的总面积超过产品表面积的15%时，需要标注该部件的纤维含量。

对于结构复杂的产品（如文胸、腹带）可仅标注主要部分或贴身部分的纤维含量，不完整或不规则花型等造成的纤维含量变化较多的织物，可仅标注纤维名称。

三、服装维护符号

服装维护符号的标签应永久地固定在服装上，且符号不被掩藏，消费者能很容易发现和辨认。符号直接标注在标签上，标签使用的材料要能承受标签上注明的维护处理程序，标签和符号应足够大，在服装的使用寿命期内保持易于辨认。选定的符号按水洗、漂白、干燥、熨烫和专业维护的顺序排列。应使用足够的和适当的符号表示服装的处理程序，符号所代表的处理程序适用于整件服装。

1. 基本符号和具体描述符号

基本符号和具体描述符号，见表 7-2。

表 7-2 基本符号和具体描述符号

基本符号			具体描述符号		
项目	符号	说明	项目	符号	说明
水洗		用水洗槽表示水洗程序	不允许的处理		基本符号叠加叉号，表示不允许进行该程序
漂白		用三角形表示漂白程序	缓和处理		基本符号下面添加 1 条横线，表示该程序处理条件较缓和
干燥		用正方形表示干燥程序	非常缓和处理		基本符号下面添加 2 条横线，表示该程序处理条件更缓和
熨烫		用手工熨斗表示熨烫程序	水洗处理温度	数字例如“60”	与水洗符号在一起表示洗涤温度(℃)
专业维护		用圆圈表示专业干洗或湿洗维护程序	干燥和熨烫处理温度	·	与干燥、熨烫符号叠加表示处理的温度，点数多表示温度高，但不成比例增加，同样点数，干燥与熨烫的温度并不相同

2. 水洗符号

用洗涤槽代表手洗或机洗的家庭洗涤程序，附加描述符号表达允许的最高洗涤温度和最剧烈洗涤条件。水洗符号及说明见表 7-3。

表 7-3 水洗符号

符号	说明	符号	说明	符号	说明
	最高洗涤温度 95℃ 采用常规程序		最高洗涤温度 50℃ 采用缓和程序		最高洗涤温度 30℃ 采用缓和程序
	最高洗涤温度 70℃ 采用常规程序		最高洗涤温度 40℃ 采用常规程序		最高洗涤温度 30℃ 采用非常缓和程序
	最高洗涤温度 60℃ 采用常规程序		最高洗涤温度 40℃ 采用缓和程序		手洗 最高洗涤温度 40℃

续表

符号	说明	符号	说明	符号	说明
	最高洗涤温度 60℃ 采用缓和程序		最高洗涤温度 40℃ 采用非常缓和程序		不可水洗
	最高洗涤温度 50℃ 采用常规程序		最高洗涤温度 30℃ 采用常规程序		

3. 漂白符号

漂白符号见表 7-4。

表 7-4　漂白符号

符号	说明	符号	说明	符号	说明
	允许任何漂白剂		仅允许氧漂/非氯漂		不可漂白

4. 干燥符号

干燥分为自然干燥和翻转干燥。

自然干燥符号是在正方形内添加竖线表示悬挂自然干燥程序，横线表示平摊自然干燥程序，左上角再添加一条斜线表示在阴凉处自然干燥程序。自然干燥符号见表 7-5。

表 7-5　自然干燥符号

符号	说明	符号	说明	符号	说明	符号	说明
	悬挂晾干		悬挂滴干		平摊晾干		平摊滴干
	在阴凉处悬挂晾干		在阴凉处悬挂滴干		在阴凉处平摊晾干		在阴凉处平摊滴干

翻转干燥符号是用正方形里的圆来表示水洗后翻转干燥程序，在符号里添加一个或两个圆点表示该程序允许的最高温度。翻转干燥符号见表 7-6。

表 7-6　翻转干燥符号

符号	说明	符号	说明	符号	说明
	可使用翻转干燥 常规温度，排气口最高温度 80℃		可使用翻转干燥 较低温度，排气口最高温度 60℃		不可翻转干燥

5. 熨烫符号

用熨斗代表家庭熨烫程序，可带蒸汽或不带蒸汽，在符号里添加一、二或三个圆点分别表示熨斗底板的最高温度。熨烫符号见表 7-7。

表 7-7　熨烫符号

符号	说明	符号	说明	符号	说明	符号	说明
	最高 温度 200℃		最高 温度 150℃		最高温度 110℃ 蒸汽熨斗可能造成不可回复损伤		不可熨烫

6. 专业维护符号

圆圈代表由专业人员对服装的专业干洗和湿洗程序，专业维护符号见表 7-8。

表 7-8　专业维护符号

符号	说明	符号	说明
	使用四氯乙烯和符号 F 代表的所有溶剂的专业干洗 常规干洗		不可干洗
	使用四氯乙烯和符号 F 代表的所有溶剂的专业干洗 缓和干洗		专业湿洗 常规湿洗
	使用碳氢化合物溶剂的专业干洗 常规干洗		专业湿洗 缓和湿洗
	使用碳氢化合物溶剂的专业干洗 缓和干洗		专业湿洗 非常缓和湿洗

第二节　服装洗涤

服装洗涤主要就是选择合适的洗涤剂、合适的洗涤方法和对特殊污渍进行合适的处理。衣服换下后，应尽快洗涤，不宜久存不洗。特别是真丝服装，耐盐性差，吸汗后会损伤蚕丝，不及时清洗，会影响使用寿命。

一、洗涤剂

古代许多人用皂角洗衣服，皂角是肥皂荚树的果实，又称为肥牛皂果子，富含皂角甙和皂甙成分，具有清洁作用。宋代人还将皂角捣碎细研、添加香料等，然后制成小球，专门用于洗面浴身，俗称“肥皂团”。从西方引进的肥皂开始叫洋碱，我国实行自主生产后就不再叫洋碱了，而叫肥皂。现代服装洗涤剂的种类很多，通常由表面活性剂、助洗剂和添加剂等组成。按原料分主要有肥皂、洗衣粉、洗衣液等。

1. 肥皂

肥皂是脂肪酸金属盐的总称，肥皂的成分主要是羧酸的钠盐，再适当添加合成色素、合成香料、防腐剂、抗氧化剂、发泡剂、硬化剂、粘稠剂、界面活性剂等。

肥皂，通常分为硬皂、软皂和过脂皂3种。硬皂就是俗称的臭肥皂，含碱量高，去污能力强，一般只用于洗衣服。软皂就是俗称的香皂，含碱量较低，对皮肤的刺激性较小，一般用于洗澡。过脂皂也叫多脂皂，不含碱，是一种儿童香皂。如果在肥皂中加入某些药物，那就成为药皂了，如硫磺皂、檀香皂等。

肥皂适合洗涤耐碱性好的服装，优点是去污力强，且生物降解性好，对人体无毒副作用，对环境无污染；缺点是肥皂会与水中的钙镁结合形成皂垢，长期使用会出现服装板结的现象。

2. 洗衣粉

洗衣粉是用于洗涤服装的一种碱性的粉状合成洗涤剂，主要成分是阴离子表面活性剂，一般是烷基苯磺酸钠。洗衣粉中有多种助洗剂，助洗剂可以采用磷系或非磷系物质，也就有了含磷洗衣粉和无磷洗衣粉之分。加酶洗衣粉就是洗衣粉中加有酶，具有对特定污垢（如果汁、墨水、血渍、奶渍、肉汁、牛乳、酱油渍等）的清洗功能，一些特定酶还能起到杀菌、增白、护色增艳等作用。加香洗衣粉就是洗衣粉中加有香精，在满足洗涤效果的同时让衣物散发芳香，使人感到更舒适。

洗衣粉可以洗涤棉、麻、化纤及其混纺织物，不适合洗涤毛、丝绸等衣物。使用洗衣粉时，一般来说，应先用温水将洗衣粉溶解，再将浸湿的衣物泡于其中，15～20 min之后洗涤效果最佳。使用加酶洗衣粉的，水的温度不能超过60℃，否则会影响洗涤效果。肉渍、血渍等选用蛋白酶洗衣粉，面条、土豆泥等选用淀粉酶洗衣粉，油渍类选用脂肪酶洗衣粉。

使用洗衣粉洗涤服装，尽量不要直接接触人体皮肤。成人内衣及婴儿服装用品一般不建议使用洗衣粉，用洗衣粉洗涤的服装，要用清水漂洗干净。

3. 皂粉

皂粉是用植物油脂皂化制成的粉状洗涤剂，皂粉的性质与肥皂基本相同，与洗衣粉相比，具有洗涤柔顺、泡沫少、易漂清、不伤手等优点，非常适合手洗，可以洗涤内衣、婴幼儿的衣裤和尿布等。

4. 洗衣液

洗衣液是用于洗涤服装的液体洗涤剂，主要成分是非离子型表面活性剂和多种助洗剂、香精和水等，功能性洗衣液还会添加功能性组分。除普通洗衣液外，还有丝毛洗衣液和衣领袖口预洗剂。普通洗衣液和衣领袖口预洗剂pH值≤10.5(1%水溶液)，丝毛洗衣液pH值为4.0～8.5(1%水溶液)。

普通洗衣液去污能力强，对皮肤温和，适用于各种衣物，包括婴儿衣物和尿布。使用洗衣液时，普通衣物浸泡5 min，顽固污渍及尿布浸泡10 min，然后手洗或机洗。洗衣液漂洗容易，洗衣液环保性好，其生物降解度在90%以上，对环境影响小。

丝毛洗衣液俗称丝毛专用洗涤液，呈酸性至弱碱性，一般用于洗涤丝织品、羽绒制品、羊毛织品等蛋白质类的纺织品。丝毛洗衣液含有柔顺成分因子，能够保护丝毛纤维不受损伤，能保持丝毛面料的光泽和弹性，服装不容易变形。

衣领袖口预洗剂俗称衣领净，去污力强，能把领口袖口洗涤干净。它是一种含有阴离子表面活性剂和碱性蛋白酶的洗涤剂，碱性蛋白酶能分解人体分泌的油脂、汗渍，专门用于衬衫、T恤以及内衣的领口和袖口的重垢污渍的预洗。使用时把衣领净直接涂抹在干燥的衣物上，放置3～5 min，然后直接放入含有洗衣粉或洗衣液的水中，正常洗涤即可。丝毛服装慎用衣领净，防止损伤纤维。

5. 洗衣凝珠

洗衣凝珠亦称洗衣珠，是一种水溶性小袋包装的液体洗涤剂，小袋内含有高浓度活性剂、柔顺剂和其他助洗剂，小袋通常由聚乙烯醇(PVA)或其衍生物制成，遇水后在一定时间内溶解，释放包裹的洗衣液。洗衣凝珠清洁能力和洗衣液差不多，且易漂洗，洗衣凝珠只能用于洗衣机洗涤。

6. 洗衣片

洗衣片是采用纳米超浓缩技术生产的一种片状洗涤剂。洗衣片遇水后即可迅速分解溶化，洗净能力强，还具有杀菌抑菌能力，并且不伤皮肤及纺织品，洗涤废水一周后生物降解率超 98%。

二、干洗

洗涤通常都是使用水作为重要的介质来清洗各种衣物，使用水洗涤服装可能会使服装产生缩水、变形、掉色等缺陷，于是干洗应运而生。

干洗就是用有机化学溶剂作为介质对衣物进行洗涤，在洗涤过程中没有水直接接触衣物，所以称之为干洗。干洗适用于不宜水洗或易褪色的服装。

干洗时首先去除衣物上的严重污渍及不能溶于干洗溶剂的污渍(果汁、指甲油、墨水等)然后将衣物放进干洗机中，用干洗剂进行洗涤后甩干或烘干，最后还要去除衣物上残留的干洗剂并进行必要的熨烫。干洗剂在洗涤后必须回收，过滤后可反复使用。

干洗剂最初使用的是苯、煤油、汽油、樟脑萜等，后来使用四氯化碳，现在普遍使用全氯乙烯。全氯乙烯对人体有害，儿童服装不适宜干洗，防止衣服残留有干洗剂，影响儿童的身体健康。洗涤符号中标有不可干洗符号"⨂"的服装不适宜干洗，例如羽绒服装若进行干洗，全氯乙烯会使绒朵变脆、易碎，降低羽绒的蓬松度，从而影响羽绒服装保暖性能。

三、部分特殊污渍的处理

去除污渍是洗涤衣服的一项重要任务，多数污渍都是水溶性的，通过常规的洗涤就能够去除。但也有一些污渍比较难以去除，可以针对不同污渍，选用不同物质，采用浸泡、刷洗等方法予以清除，部分种类污渍洗涤方法见表 7-9。不管采用何种方法，最后都要用常规洗涤剂清洗。

表 7-9 部分种类污渍洗涤方法

污渍种类	洗涤方法
油污(机油、食用油、皮鞋油等)	有些油污可以用温盐水浸泡后，用肥皂搓洗去除。食用油可用牙膏涂在油污处搓擦去除。 也可用软刷蘸取汽油刷洗油污，或者先用汽油浸润油污再揉搓油污部位，然后用布或毛巾擦试就基本可以去除。
铁锈渍	可用热水浸润后涂上醋酸进行洗除或者用新鲜的柠檬汁滴在铁锈处揉擦去除。也可用草酸和柠檬酸的混合溶液温热后涂在锈迹处，然后用清水洗除。
胶渍	若有胶，可用电吹风机加热软化后撕下。胶渍可用布片或纸巾蘸取丙酮或酒精擦拭去除，也可把污渍处浸在香蕉水内几分钟，然后揉搓或刷洗。
圆珠笔油	可用酒精刷洗，然后用肥皂清洗。也可用冷水润湿后涂上牙膏和肥皂揉搓去除。如果比较顽固，可用苯或四氯化碳擦洗。
蜡笔渍	先用温水洗涤，再用汽油擦试，然后用酒精去除。

续表

污渍种类	洗涤方法
墨水渍	可酒精配合洗衣液清洗。也可用牙膏涂抹在墨水处揉搓再清水冲洗。还可以用温热的白醋水浸泡后用洗洁精清洗去除。陈渍可用40～60℃的2%的草酸液浸洗，再用洗涤液洗净。
墨渍	可以用酒精、牛奶、醋水或柠檬汁倒在墨汁部位轻轻揉搓去除，也可用牙膏或米饭粒涂抹刷洗去除。
汗渍	可用10%～30%的食盐溶液或热的淘米水或5%的30℃小苏打水浸泡去除。也可以用牙膏、生姜汁或冬瓜汁擦洗去除。
尿渍	可用10%的柠檬酸溶液或15%醋酸溶液浸润1 h后用清水洗除。也可用氨水和酒精混合液清洗去除。
奶汁渍	可多次用洗洁精浸润污渍处反复揉搓去除，也可用小苏打水浸泡后反复揉搓去除。特别顽固的可先用汽油擦洗去油，再把污渍部位浸泡在氨水稀溶液(一分氨水五分清水)中轻轻揉搓即可去除。
血渍	新血渍要在冷水(不能用热水)中浸泡后正常洗涤即可去除。陈血渍可用盐水浸泡几个小时后正常洗涤即可去除。酒精、白醋、硼砂与氨水的水溶液(硼砂2份，10%氨水1份，水20份)浸泡也能去除血渍。
呕吐液渍	可用酒精与香皂的混合液进行擦洗。也可在擦洗前用10%的氨水浸润污渍。
口红印渍	可用牙膏或洗洁精涂在污渍处揉搓去除，也可用汽油刷洗后再用温水洗涤液洗除。严重的可先在汽油内浸泡揉洗，再用洗涤液洗除。
化妆油渍	可用酒精或汽油擦洗去除。
胭脂渍	先用汽油或石油精湿润，再用含氨的浓皂液洗，然后用汽油揩拭，最后用洗涤剂清洗。
发蜡、发油渍	先用水湿润，以洗发水刷洗，加几滴10%醋酸，再漂洗干净。有时单用皂液也可洗除。
红药水渍	将污渍处用甘油润湿反复轻轻揉搓几下，再用含氨皂液反复搓洗即可。可以再加几滴稀醋酸液，再用肥皂水洗，效果更好。
紫药水渍	将少量保险粉用温水溶解，再用小毛刷蘸取少量溶液擦试，再用清水擦试，如此反复几次即可去除。
碘酒渍	浸入酒精或热水中使碘溶解，然后洗涤。也可用小苏打或淀粉调成糊状，薄薄地涂在污渍处，呈蓝黑色后，再用肥皂或清水洗涤。
膏药渍	用挥发油或四氯化碳洗除。也可用酒精加水涂在污渍处，反复揉搓即可去除。
咳嗽糖浆渍	先用水湿润溶解糖分，再用加有几滴10%醋酸的酒精刷洗，必要时可再用洗发水洗净。
酱油渍	新酱油渍用冷水搓洗，再用肥皂等洗涤剂去除，也可用莲藕汁浸或擦去除。陈酱油渍可先用水浸润污渍处，再用白糖揉搓或涂上苏打粉10 min，再清水洗涤即可。也可在温热的洗涤剂溶液中加入少量氨水或硼砂洗涤去除。
醋渍	新渍立即用清水洗，再用肥皂洗，也可用藕涂擦。陈醋渍可用牙膏或小苏打粉反复刷洗去除。顽固的可用少量氨水和硼砂的混合水溶液洗涤。
汤及调味渍	可参照去油和酱油等的方法洗涤去除。
果酱渍	新污渍可以用食盐搓洗，再用洗涤剂溶液清洗。陈渍可用5%的氨水浸润再用洗涤剂清洗。也可先用酒精搓洗，再用清水洗干净。
番茄酱渍	可在污渍外涂抹食盐，然后清水洗涤。陈渍可用小苏打水浸泡15 min后搓洗即可。也可先用水湿润，用50℃甘油湿润30 min后刷洗去除。

续表

污渍种类	洗涤方法
果汁渍	可用淘米水、食盐水、白醋、稀氨水浸润或浸泡后搓洗去除。也可用酒石酸、双氧水或硼砂水等洗除。
西瓜汁渍	浸水后加几滴 10%醋酸刷洗,再用水清洗。如不能去除,可参考果汁渍去除的方法。
冰淇淋渍	可用浓食盐水或碳酸饮料浸泡 30 min 用清水洗涤即可。也可用牙膏或小苏打粉刷洗去除。还可用石油精或四氯化碳湿润后水洗去除。
饮料渍	可乐污渍可以用白醋浸润污渍处,然后搓洗即可。红茶渍可用柠檬汁搓洗去除。
咖啡渍	可先用洗洁精、牙膏或小苏打刷洗,再用洗衣粉刷洗,最后清水洗涤即可。也可用柠檬汁或醋搓洗后,再用清水或洗涤剂洗涤。
红酒渍	在红酒渍处洒上食盐擦拭或用小苏打、牛奶浸泡,最后用洗涤剂洗涤。也可用白葡萄酒洒在红酒污渍处,用干净的毛巾擦拭红酒渍处,最后冷水清洗。干的红酒渍可用牙膏或剃须膏涂抹污渍处揉搓,再用温水洗涤即可。
啤酒渍	水浸后加几滴醋酸,温水洗净。
烟草渍(尼古丁渍)	新烟草渍可用洗衣液加水浸泡温水洗涤。陈烟草渍可用盐酸、亚硫酸钾的水溶液去除(37%盐酸、亚硫酸钾、水按 1∶12∶25 配液)。
漂白去色	对于白色的服装可以使用漂白剂去除各种污渍颜色,耐氧漂的服装可用 3%双氧水漂洗。84 消毒液是一种以次氯酸钠为主要成分的消毒剂,也具有漂白作用,可以用来漂白衣服,但其具有强氧化性,必须进行适当的稀释(建议按 1∶29 稀释)后才能使用,否则会造成服装破损。并且只能用于棉、麻、涤纶等耐氯纤维材料服装,不能与其他洗涤剂或消毒剂混合使用,使用时还必须佩戴手套和口罩等个人防护用品。

另外,服装的晾晒也很有讲究,蚕丝、羊毛纤维以及锦纶纤维都不耐晒,在紫外线照射下容易出现发黄现象,一般需要在阴凉处晾干。丙纶和氯纶耐晒性也较差,也不宜长时间暴晒。

第三节 服装熨烫与保存

一、熨烫

服装在穿着或洗涤的过程中由于受外力的作用,会全部或局部发生变形,产生褶皱,影响服装的美观。熨烫可以使服装消除褶皱,恢复平整,保持服装造型,穿着美观。熨烫实际上就是一种热定型,在一定的温度湿度条件下,对服装施加一定的压力并保持一定的时间,使服装面料平整(或需要的形状),最后冷却并使服装面料固定在这种状态。

一般来说,温度高定型好,但不能高于面料的耐热能力,所以适宜的温度才是最好的。熨烫时要根据纤维的不同耐热性能确定熨烫温度(表 7-10)。纤维吸湿能膨胀伸展,水分也能传递热量,所以给湿能帮助面料熨烫定型,特别对于毛呢面料或褶皱多的面料非常有效。给湿的方法可直接喷水、喷蒸汽,或垫衬湿布,也可以在服装半干状态下熨烫(如丝绸面料)。部分纤维面料(如维纶)的服装遇湿会产生热收缩,不能给湿,只能干烫。压力大小对熨烫也有直接的影响,如厚面料或厚的部件压力可以大些，能快速传递热量，定型效果好。熨烫时间也很重要，熨烫时间长，积聚的热量就高，有助于定型，但也有可能造成面料损伤。通常一个部位熨烫 3～5 s 即可。熨烫之后要进行冷却，通常采用自然冷却，工厂可采用吹风、抽湿、冷压等方式。

表 7-10　常见纤维面料熨烫温度

纤维种类	熨烫温度/℃	注意事项
棉	190～210	喷水后反面熨烫，正面熨烫需要垫衬干布
麻	190～210	喷水后反面熨烫，适当降低熨烫温度也可正面熨烫
蚕丝	160～180	半湿状态下反面熨烫，正面熨烫需要垫衬湿布
羊毛	160～180	半湿状态下反面垫衬布熨烫，适宜蒸汽熨烫。正面熨烫需要垫衬布
黏胶	120～160	喷水后反面可直接熨烫，正面需要垫湿布熨烫
醋脂	110～130	反面可直接熨烫，正面熨烫需要垫衬布
涤纶	140～150	喷水后反面可直接熨烫，正面需要垫湿布熨烫
锦纶	120～130	喷水后反面可直接熨烫，正面需要垫湿布轻轻熨烫，不要把湿布烫得太干
腈纶	130～140	正面垫湿布轻轻熨烫，不要把湿布烫得太干
维纶	120～140	干烫或喷少许雾状水在反面熨烫，正面尽量不烫，如确需烫，要垫上干布
丙纶	90～100	一般不熨烫，喷水后反面可直接熨烫
氯纶	不可熨烫	温度达到 65℃时开始发生收缩，75℃时会发生软化黏连
氨纶	90～110	一般不熨烫，可用低温轻轻熨平

二、保存

服装一定要清洗干净后才能收纳入柜，并且要防霉、防蛀、防变色、防脆化等。高温湿热以及光化作用是服装出现这些现象的重要原因，不管什么材质的服装都要洗净、晾干，在低温干燥、避免阳光直晒的环境中存放。

棉麻服装，其面料主要成分是纤维素，吸湿性很好，要防止微生物繁殖使其霉烂，预防方法是保持服装洁净和干燥。麻服装尽量不折叠，悬挂摆放，如果折叠了也必须放在最上层，以防折叠处损坏。

毛呢服装，其面料主要成分是蛋白质，是一些动物的良好食料，很容易虫蛀、鼠咬等。同样要保持清洁、干燥，放入樟脑球可以有效防止虫蛀。毛呢服装最好不要折叠，悬挂保管能避免起褶皱。

丝绸服装，其面料主要成分也是蛋白质，当然也要防霉防虫蛀，但不能放樟脑丸，樟脑丸会使蚕丝蛋白变性，缩短蚕丝纤维服装的使用寿命。蚕丝很细，应避免与粗糙带刺的物质接触出现“跳丝”现象。

黏胶纤维面料服装，不宜长期悬挂存放，否则会出现意外伸长。

合成纤维面料服装，一般不会发生霉变虫蛀的情况，但也有洗净、晾干，避免高温潮湿环境。

附　录

附录一　常见服装用纤维横截面和纵向特征

纤维名称	横截面形态	纵向形态
棉	有中腔，呈不规则的腰圆形	扁平带状，稍有天然扭转
丝光棉	有中腔，近似圆形或不规则腰圆形	近似圆柱状，有光泽和缝隙
苎麻	腰圆形，有中腔	纤维较粗，有长形条纹及竹状横节
亚麻	多边形，有中腔	纤维较细，有竹状横节
大麻	多边形、扁圆形、腰圆形等，有中腔	纤维直径及形态差异很大，横节不明显
罗布麻	多边形、腰圆形等	有光泽，横节不明显
黄麻	多边形，有中腔	有长形条纹，横节不明显
竹纤维	腰圆形，有空腔	纤维粗细不匀，有长形条纹及竹状横节
桑蚕丝	圆角三角形或多边形	有光泽，纤维直径及形态有差异
柞蚕丝	细长三角形	扁平带状，有微细条纹
羊毛	圆形或近似圆形(或椭圆形)	表面粗糙，有鳞片
白羊绒	圆形或近似圆形	表面光滑，鳞片较薄且包覆较完整，鳞片间距较大
紫羊绒	圆形或近似圆形，有色斑	除具有白羊绒形态特征外，有色斑
兔毛	圆形、近似圆形或不规则四边形，有髓腔	鳞片较小与纤维纵向呈倾斜状，髓腔有单列、双列、多列
羊驼毛	圆形或近似圆形、有髓腔	鳞片有光泽，有的有通体或间断髓腔
马海毛	圆形或近似圆形、有的有髓腔	鳞片较大有光泽，直径较粗，有的有斑痕
驼绒	圆形或近似圆形，有色斑	鳞片与纤维纵向呈倾斜状，有色斑
牦牛绒	椭圆形或近似圆形，有色斑	表面光滑，鳞片较薄，有条状褐色色斑
黏胶纤维	锯齿形	表面平滑，有清晰条纹
莫代尔纤维	哑铃形	表面平滑，有沟槽
莱赛尔纤维	圆形或近似圆形	表面平滑，有光泽
铜氨纤维	圆形或近似圆形	表面平滑，有光泽
醋酯纤维	三叶形或不规则锯齿形	表面光滑，有沟槽
牛奶蛋白改性聚丙烯腈纤维	圆形	表面光滑，有沟槽和/或微细条纹
大豆蛋白纤维	腰圆形(或哑铃形)	扁平带状，有沟槽和疤痕
聚乳酸纤维	圆形或近似圆形	表面平滑，有的有小黑点
涤纶	圆形或近似圆形及各种异形截面	表面平滑，有的有小黑点
腈纶	圆形、哑铃状或叶状	表面平滑，有沟槽和(或)条纹

续表

纤维名称	横截面形态	纵向形态
锦纶	圆形或近似圆形及各种异形截面	表面光滑，有小黑点
维纶	腰圆形（或哑铃形）	扁平带状，有沟槽
氨纶	圆形或近似圆形	表面平滑，有些呈骨形条纹
乙纶	圆形或近似圆形	表面平滑，有的带有疤痕
丙纶	圆形或近似圆形	表面平滑，有的带有疤痕

附录二　常见服装用纤维燃烧特征

纤维种类	燃烧状态			燃烧气味	残留物特征
	靠近火焰时	接触火焰时	离开火焰时		
棉	不熔不缩	立即燃烧	迅速燃烧	纸燃味	呈细而软的灰黑絮状
麻	不熔不缩	立即燃烧	迅速燃烧	纸燃味	呈细而软的灰白絮状
蚕丝	熔融卷曲	卷曲、熔融、燃烧	略带闪光燃烧有时自灭	烧毛发味	呈松而脆的黑色颗粒
动物毛绒	熔融卷曲	卷曲、熔融、燃烧	燃烧缓慢有时自灭	烧毛发味	呈松而脆的黑色焦炭状
竹纤维	不熔不缩	立即燃烧	迅速燃烧	纸燃味	呈细而软的灰黑絮状
黏纤、铜氨纤维	不熔不缩	立即燃烧	迅速燃烧	纸燃味	呈少许灰白色灰烬
莱赛尔纤维 莫代尔纤维	不熔不缩	立即燃烧	迅速燃烧	纸燃味	呈细而软的灰黑絮状
醋纤	熔缩	熔融燃烧	熔融燃烧	醋味	呈硬而脆不规则黑块
大豆蛋白纤维	熔缩	缓慢燃烧	继续燃烧	特异气味	呈黑色焦炭状硬块
牛奶蛋白改性 聚丙烯腈纤维	熔缩	缓慢燃烧	继续燃烧有时自灭	烧毛发味	呈黑色焦炭状，易碎
聚乳酸纤维	熔缩	熔融缓慢燃烧	继续燃烧	特异气味	呈硬而黑的圆珠状
涤纶	熔缩	熔融燃烧冒黑烟	继续燃烧有时自灭	有甜味	呈硬而黑的圆珠状
腈纶	熔缩	熔融燃烧	继续燃烧冒黑烟	辛辣味	呈黑色不规则小珠，易碎
锦纶	熔缩	熔融燃烧	自灭	氨基味	呈硬淡棕色透明圆珠状
维纶	熔缩	收缩燃烧	继续燃烧冒黑烟	特有香味	呈不规则焦茶色硬块
氨纶	熔缩	熔融燃烧	开始燃烧后自灭	特异气味	呈白色胶状
乙纶	熔缩	熔融燃烧	熔融燃烧液态下落	石蜡味	呈灰白色蜡片状
丙纶	熔缩	熔融燃烧	熔融燃烧液态下落	石蜡味	呈灰白色蜡片状

附录三　常见服装用纤维溶解性能

纤维种类	溶液（溶剂）																	
	95%～98%		70%		60%		40%		36%～38%		15%		5%		65%～68%		1 mol/L	
	硫酸		硫酸		硫酸		硫酸		盐酸		盐酸		氢氧化钠		硝酸		次氯酸钠	
	24～30℃	沸	24～30℃	沸	24～30℃	沸	24～30℃	沸	24～30℃	沸	24～30℃	沸	24～30℃	沸	24～30℃	沸	24～30℃	沸
棉	S	S_0	S	S_0	I	S	I	P	I	P	I	P	I	I	I	S_0	I	P
麻	S	S_0	S	S_0	P	S_0	I	S_0	I	P	I	P	I	I	I	S_0	I	P
蚕丝	P	S_0	S_0		S	S_0	I	S_0	P	S	I	S	I	S_0	S	S_0	S	S_0
动物毛绒	I	I	I	I	I	I	I	I	I	I	I	I	I	S_0	△	S_0	S	S_0
黏胶纤维	S_0	S_0	S	S_0	P	S_0	I	S	S	S_0	I	P	I	I	I	S_0	I	P
莱赛尔纤维	S_0	S_0	S	S_0	S	S	I	S_0	S	S_0	I	P	I	I	I	S_0	I	I
莫代尔纤维	S_0	S_0	S	S_0	S	S	I	S	S	S_0	I	P	I	I	I	S_0	I	I
铜氨纤维	S_0	S_0	S_0	S_0	S_0	S_0	I	S_0	I	S_0	I	P	I	I	I	S_0	I	I
醋酯纤维	S_0	S_0	S_0	S_0	S	S_0	I	I	S	S_0	I	S	I	P	S	S_0	I	I
三醋酯纤维	S_0	S_0	S_0	S_0	S	S_0	I	I	S	S_0	I	P	I	P	S	S_0	I	I
涤纶	S_0		I	I	I	I	I	I	I	I	I	I	I	I	I	I	I	I
腈纶	S	S_0	I	S	I	I	I	I	I	I	I	I	I	I	S	S_0	I	I
锦纶 6	S_0		S_0		S_0		S_0	I	S_0		S_0		I	I	S_0	S_0	I	I
锦纶 66	S_0		S	S_0	S	S_0	S	S_0	S_0		I	S	I	I	S_0	S_0	I	I
氨纶	S	S_0	S	S	I	S_0	I	P	I	I	I	I	I	I	I	S	I	I
维纶	S	S_0	S	S_0	S	S_0	P	S_0	S_0		I	S	I	I	S_0	S_0	I	P
丙纶	I	□	I	□	I	□	I	I	I	I	I	I	I	I	I	I	I	I

说明：S_0—立即溶解；S—溶解；P—部分溶解；□—块状；I—不溶解；△—溶涨。

附录四　部分常见服装面料的缩水率

面料种类		缩水率/%
棉织物	平纹类	6～7
	丝光整理织物	3～5
	印花平纹布	3～4
	府绸	4～6
	斜纹类	6.5～8
	劳动布	9～10
	绒布	6～7
	灯芯绒	5～6
	丝光、漂、色麻纱	3～4
	黏胶织物	10
毛织物	华达呢	2～3.5
	海军呢	2～3.5
	大衣呢	2～3.5
	含毛 70%的棉毛织物	3.5～4.5
丝织物	电力纺、杭纺	5
	美丽绸、富春纺	8
	真丝双绉	10
	黏胶丝织物	10
	羽纱	10
	线绨	10
	真丝乔其纱	10～12
	真丝塔夫绸	2
混纺织物与交织织物	涤棉混纺织物	1～2
	涤黏混纺织物	2
	毛涤混纺织物	1～2
	黏纤混纺织物	8～10
	黏胶丝交织物	8
	毛腈织物	3.5

参考文献

[1] 赵丰，金琳. 纺织考古[M]. 北京：文物出版社，2007.

[2] 顾韵芬，陆鑫. 服装概论[M]. 北京：高等教育出版社，2009.

[3] 赵翰生. 中国古代纺织与印染[M]. 北京：中国国际广播出版社，2010.

[4] 李强，李斌. 图说中国古代纺织技术史[M]. 北京：中国纺织出版社，2018.

[5] 朱睿，杨飞，周波，等. 中国苎麻的起源、分布与栽培利用史[J]. 中国农学通报，2014，30(12)：258-266.

[6] 罗桂环，张彤阳. 中国古代对葛的开发利用[J]. 古今农业，2020(03)：18-23+43.

[7] 颜红宇. 中国大麻育种历史进程、现状与未来发展方向[J]. 现代园艺，2014(15)：45-46.

[8] 周晦若，陈建. 蚕丝溯源：神话传说和文化探源[J]. 中国蚕业，2017，38(03)：70-76.

[9] 金少萍，吴昊. 中国古代文献中记载的植物染料及其文化内涵[J]. 烟台大学学报(哲学社会科学版)，2012，25(4)：79-89.

[10] 白燕，吴湘济. 服装面辅料及选用[M]. 北京：化学工业出版社，2022.

[11] 邢声远，郭凤芝. 服装面料与辅料手册[M]. 2 版. 北京：化学工业出版社，2023.

[12]《纺织品大全(第二版)》编委会. 纺织品大全[M]. 2 版. 北京：中国纺织出版社，2005.

[13] 朱远胜. 服装材料应用[M]. 4 版. 上海：东华大学出版社，2020.

[14] 荆妙蕾. 织物结构与设计[M]. 6 版. 北京：中国纺织出版社，2021.

[15] 周蓉，聂建斌. 纺织品设计[M]. 上海：东华大学出版社，2011.

[16] 陈东生，吕佳. 服装材料学[M]. 上海：东华大学出版社，2013.

[17] 刘国联. 服装材料学[M]. 2 版. 上海：东华大学出版，2011.

[18] 荆妙蕾，刘杰. 面料实物[M]. 北京：中国纺织出版社，2009.

[19] 龙海如，秦志刚. 针织工艺学[M]. 上海：东华大学出版社，2017.

[20] 吴妍妍. 中外服装史[M]. 北京：中国纺织出版社，2020.

[21] GB/T 5296.1—2012 消费品使用说明 第 1 部分：总则[S]. 北京：中国标准出版社，2012.

[22] GB/T 5296.4—2012 消费品使用说明 第 4 部分：纺织品和服装[S]. 北京：中国标准出版社，2012.

[23] GB/T 29862—2013 纺织品纤维含量的标识[S]. 北京：中国标准出版社，2013.

[24] GB/T 8685—2008 纺织品维护标签规范符号法[S]. 北京：中国标准出版社，2008.